立家规·正家风丛书

U0661839

修心 修行 修性

【修心之道】

和力 ◎ 著

中华工商联合出版社

图书在版编目（CIP）数据

修心　修行　修性／和力著. -- 北京：中华工商
联合出版社，2016.10
（立家规·正家风丛书／和力，范宸主编）
ISBN 978 - 7 - 5158 - 1781 - 1

Ⅰ. ①修…　Ⅱ. ①和…　Ⅲ. ①人生哲学 - 通俗读物
Ⅳ. ①B821 - 49

中国版本图书馆 CIP 数据核字（2016）第 232814 号

修心　修行　修性

作　　者：和　力
责任编辑：吕　莺　张淑娟
封面设计：信宏博
责任审读：李　征
责任印制：迈致红
出版发行：中华工商联合出版社有限责任公司
印　　刷：唐山富达印务有限公司
版　　次：2017 年 1 月第 1 版
印　　次：2022 年 2 月第 2 次印刷
开　　本：787mm × 1092mm　1/32
字　　数：144 千字
印　　张：8
书　　号：ISBN 978 - 7 - 5158 - 1781 - 1
定　　价：48.00 元

服务热线：010 - 58301130
销售热线：010 - 58302813
地址邮编：北京市西城区西环广场 A 座
　　　　　19 - 20 层，100044
http：//www.chgslcbs.cn
E-mail：cicap1202@ sina.com（营销中心）
E-mail：gslzbs@ sina.com（总编室）

前 言

人生是一场修行

我们每个人有幸来到这个世界，世界为我们展开了一幅五颜六色的画卷，这里有阳光，有黑暗，有晴天，有雨天，但命运是由自己把握的。每个人都会面临来自生活、工作和社会的各种各样的问题，而我们的处世方法、工作态度、努力程度、思维方式和心态、信念等决定了自己一生的成败。

"人生是一场修行"，很简单的几个字却道出了生命的意义和人生的目标。学习是人一辈子都要去做的功课，因此，让我们在修心、修行和修性中一起学习、一起成长。

在人生这所学校中，我们不能依靠别人，只有自己不断学习，不断磨炼，才能不断成长，学习的路永无止境。人只有在不断的"修行"中前进，在不断的前进中"修心"，在不断的"修心"中"修性"，在不断的修性中"修行"，人生才会更有意义。

修养不只是一种从书本中简单得来的学问，它更多的是考验我们是否能够在社会上有巍然挺拔的勇气和厚德载物的能力，所以我们要在人生旅途上不断培养自己的品德和增强自己的能力，让自己有足够的修养在社会上挺直身躯。

本书通过大量生动有趣的故事和睿智的点评，让你反省自己以前的思维模式及做事方式，让你在轻松中得到有益的启迪，学会更加从容地面对生活中的各种问题，更深刻地理解人生和把握前进的方向，使自己的人际关系更加健康、和谐、广阔，处世方法更加灵活、得体、真诚。

试着把本书放在你的枕边，或在闲暇或在苦闷彷徨的时候打开它，不管是浅尝辄止翻看还是深味其义，本书都会给你指导，给你安慰，给你鼓舞，给你信心，给你前进的力量！

目 录

上篇 修心

唤醒心灵的真情 …………………………………… 3

学会"修心"，平和淡泊 ……………………… 10

活在此刻，让心感受当下 ……………………… 17

调整心态，正确认识自己 ……………………… 23

放下对外物的执着，摆脱失落感 ……………… 27

全力以赴，从内心选择幸福 …………………… 36

控制欲望，知足常乐 …………………………… 41

该随缘时要随缘，该淡泊时要淡泊 …………… 47

为人为善，培养善心 …………………………… 51

分享能收获双向的快乐 ………………………… 59

不放纵情绪，包容不完美 ……………………… 64

放弃享乐思想，学会自我约束 ………………… 73

具备"快乐的根"，把握平凡的幸福 ………… 82

中篇 修行

提升自我的人格魅力 ·················· 93

人格魅力助你一路前行 ·················· 101

小胜靠智，大胜靠德 ·················· 108

素质修养的背后见真功 ·················· 116

消除自卑感，永远微笑着对自己 ·················· 124

人贵自立 ·················· 131

换个角度看问题 ·················· 135

战胜恐惧，别在彷徨中迷失自我 ·················· 141

敢于迎接挑战，才有精彩人生 ·················· 149

柴火够了，水才会开 ·················· 155

明天不会再有今天的太阳 ·················· 162

下篇 修性

人生如茶须细品 ·················· 173

保持快乐的习惯，充分享受生活 ·················· 182

心外无物，心情才会舒畅 ·················· 190

悉心享受生活中每一次小小的喜悦 ·················· 195

宠辱不惊，保持一颗欢乐的心 ·················· 200

把每一天都看成是最晴朗的日子 ·················· 206

修心 修行 修性

坦然面对生命中的不完美 ……………………… 213

处世就像播种，仁爱比聪明更难得 ………… 218

谦逊是人生的法宝 ……………………………… 227

永远不要轻视别人 ……………………………… 234

结束是新的开始，在危机中寻转机 ………… 243

目 录

3

上篇

修心

唤醒心灵的真情

常言道："赠人玫瑰，手有余香。"善有善报，用一颗仁爱之心去看待世界，去对待他人，你所收获的可能远远超出你所付出的。有时候你收获的也许不仅仅是一缕芳香，而是危难中所期盼的援手，黑暗中所希冀的曙光。

中国有个成语叫做"衔环结草"。

"衔环"典故见于《后汉书·杨震传》中的注引《续齐谐记》。杨震父亲杨宝9岁时，在华阴山北，见一只黄雀被老鹰所伤，坠落在树下，为蝼蚁所困。杨宝见它可怜，就将它带回家，放在篮子中，并以黄花喂养它，百日之后的一天，黄雀羽毛丰满，悄然飞走。当夜，有一黄衣童子向杨宝拜谢说："我是西王母的使者，君仁爱救拯，实感成济。"并以白环四枚赠予杨宝，说："它可保佑君的子孙位列三公，为政清廉，处世行事像这玉环一样洁白无暇。"后事果如黄衣童子所言，杨宝的儿子杨震、孙子杨秉、曾孙杨赐、玄孙杨彪四代官职都官至太尉，而且都刚正不阿，为政清廉，他们的美德为后人所传诵。

"结草"的典故则见于《左传·宣公十五年》。公元前594 年的 7 月，秦国出兵伐晋，交战于晋地，晋将魏颗与秦将杜回相遇，二人厮杀在一起，正在难分难解之际，魏颗突见一位老人用草编的绳子套住杜回，使这位堂堂的秦国大力士站立不稳，摔倒在地，当场被魏颗所俘，晋军大败秦军。获胜收兵后，当天夜里，魏颗在梦中见到那位白天为他结绳绊倒杜回的老人，老人说："我是那位没有为你父亲陪葬的妾室的父亲。我今天这样做是为了报答你的大恩大德！"原来，晋国大夫魏武子有个没有生子的爱妾。魏武子刚生病的时候嘱咐儿子魏颗说："我死之后，你一定要把她嫁出去。"不久魏武子病重，又对魏颗说："我死之后，一定要让她为我殉葬。"等到魏武子死后，魏颗出于仁爱之心，没有把那爱妾陪葬，而是将她改嫁给了别人，并解释道："人在病重的时候，神智是混乱不清的，我嫁此女，是依据父亲神智清醒时的吩咐。"

后世将"衔环"、"结草"合在一起，流传至今。

衔环结草的故事虽然带有神话的色彩，却表达了人类美好的愿望。如果世界上有什么东西不会随着时间的消磨而淡化，毫无疑问，那就是真情。只有真情才可能为我们赢得更多的朋友，创造良好的人际关系，让我们体会到人间更多的温暖。

普林斯顿大学的学者曾对1万人的人事档案进行分析，结果发现："专业技术"、"知识"和"经验"，只占成功因素的25%；其余的75%取决于良好的人际关系。有关学者对几千名被解雇的男女进行调查，发现人际关系不好的被解雇者比不称职的被解雇者高出2倍。另一研究报告表明，在美国每年离职的人员中，因人际关系不好而导致无法施展所长的人占90%。可见，人际关系的好坏是何等重要。而一个人人际关系的好坏，主要取决于他是否在交往中真心待人，以诚待人。

心理学家曾做过一项研究，研究对象均为学术智商很高的科学家，他们之中有的出类拔萃，有的成绩平平。研究结果表明：出类拔萃的人都是有爱心的人，他们拥有更广的交际网，因而，他们可以随时从各个方面获得自己所需要的信息或数据；而那些成绩平平的人则因比较自私，不喜交往，得到他人的帮助较少。

有学者指出："走运的人，都是具有爱心、与人为善的人。他们总是主动结交朋友，他们爱帮助别人，他们爱参加各种慈善组织、热心聚会，喜欢和人打招呼。他们不光认识卖给他们报纸的人，而且还知道他的尊姓大名，知道他有几个孩子，以及他需要哪些帮助。"

有这样一个故事：全镇的人都知道，道森先生是一个有着一身臭脾气的小老头，没事千万别去招惹他。他家的院子里栽着苹果树，树上结着全镇最好的苹果。但是，众所周知，他家的苹果可摘不得，哪怕是掉在地上的，也不能去捡。据说，如果道森先生看见你摘他家的苹果，他就会端着把小型汽步枪来赶你走。

一个星期五的下午，12岁的小姑娘珍妮特打算到她的好朋友艾米家过周末。去艾米家必须要从道森先生家的门前经过。当珍妮特和艾米走到道森先生家附近时，珍妮特看见道森先生正坐在前廊里，于是建议走马路的另一边。

艾米却说，道森先生是不会伤害任何人的。珍妮特非常害怕，每向道森先生的房子走近一步，她紧张的心跳就会加快一分。当她们走到道森先生的门前时，道森先生下意识地抬起了头，他像往常一样紧锁着眉头，注视着眼前的不速之客。当他看到是艾米时，原本紧绷着的脸顿时绽开了灿烂的笑容。"哦，你好啊，艾米小姐，"他说，"今天有位小朋友和你一起走啊。"

艾米也对道森先生报以微笑，并告诉他她们将一起听音乐、玩游戏。道森先生说，这听起来真是不错，并给她们每人一个刚从树上摘下来的苹果。两个小姑娘接过又大又红的苹果，心里高兴极了——道森先生的苹果可是全镇最好的苹果啊！

和道森先生告别之后，艾米解释说，在她第一次从道森先生家的门前经过的时候，他就像人们传说的那样，一点儿也不友好，让她感到非常害怕。但是，她却假装他是面带微笑的，只不过那微笑隐藏起来了，别人看不见而已。所以，只要看到道森先生，艾米都会对他报以微笑。终于有一天，道森先生也回给了艾米一丝微笑。又过了一些时候，道森先生真的开始对艾米微笑了，那是一种发自内心的笑容。不仅如此，道森先生还开始和艾米说话了。随着时间的推移，他们谈的话也越来越多了。

"隐藏起来的微笑？"听完艾米的叙述，珍妮特问道。

"是的，"艾米答道，"我奶奶曾经告诉过我说，所有人都会微笑，只不过有些人的笑容隐藏起来了而已。因此，我对道森先生微笑，道森先生就会对我微笑。微笑是可以互相感染的。"

一个微笑，代表的是爱心和友善，虽然看似微不足道，却能给人巨大的温暖。所以，不要把自己的真情和微笑隐藏起来，其实，给别人一个微笑就是给自己一个微笑，因为真情是可以相互感染的。

与人为善的个性是非常必要的，如果你想受人欢迎，你就得做到控制私心、克制不良倾向，还要有爱心、乐于助人、体谅别人、乐于与人为伴。与人为善能使成功的机遇倍增，能够拓展人际关系，塑造自己良好的形象。这种为了做到"受欢迎"而进行的努力，也是通向成功和快乐的必经之路。

　　总是自私自利、利用他人的人，一定不会受人欢迎。人们天生就反感并且厌恶那些只为自己打算、从不考虑别人感受的人。取悦于人的秘密是关爱他人、提升自己。假如你想变得受人欢迎，你就必须做到道德高尚、行为善良。你必须在表情、微笑、握手和言行中让人感到真诚。如果你的个性散发出高尚和真诚，人们将乐于和你接近，因为人们都在追寻阳光，而尽力躲避阴影。

学会"修心"，平和淡泊

人，是受思想控制、受认识限制的。每一个人的思想、认识都有局限性，这就是我们要"修心"的根本原因。人自从出生开始，自我意识就不断增强，主观意念使很多问题、现象、事实都不是以本来面目呈现给我们。人若不"修心"，就不懂反省，就不会正确对待自己。

一个人有几颗心？

有这样一句佛语："高原陆地，不生莲华；卑湿淤泥，乃生此华。"意思是说：在高山和陆地上是不会有莲花生长的；只有低洼之处，有泥水的地方，莲花才能生长。这其实也是告诉我们，我们自出生后，要历经各种诱惑，要历经各种艰难困苦，而这些正好为我们"修心"提供了条件。艰难险阻、利益诱惑往往是对人的最佳考验，在它们面前，人如果能够坚守自己的信念，以平和的心态对待，就达到了"修心"的最高境界。

古人提倡"出淤泥而不染"，但要想在一个污浊的环境里面独善其身是很不容易的。另一方面也说明，险恶环境可以磨炼一个人，使人成长、坚强。

"天下熙熙，皆为利来；天下攘攘，皆为利往。"世界24小时不停地运转，人们为了各自的利益来往奔波。然而，这热闹喧嚣的生活只是人生的一种现象罢了，说穿了，那是活给别人看的。心，如果不"修"，就会迷失方向，瞒心昧己。因此，要"修心"，我们就要诚、敬、信、行。诚，就是不虚假；敬，就是不轻慢、不懈怠、不随便、不放逸、认真恭谨；信，就是守信；行，就是行动。

有一天，几个弟子为了"大悟"一意，争得面红耳赤，于是，他们几个一起来到智禅大师的卧室，问道："这世间，何谓'大悟'呢？"

智禅大师听了，微笑着说："大悟自在心静中……"

弟子们颇有些迷惑。在午膳之前，智禅大师带着那几个弟子，来到后山的李子林里。树上的李子大都已经熟透，紫里透红的果实，散发出一缕缕诱人的芳香。智禅大师吩咐两个弟子从树上采摘了一竹篓李子，而后让在场的每一位弟子品尝，李子的汁液像蜜汁一样甘甜。吃完之后，智禅大师带着弟子们走到一个小水潭前，他俯身掬起一捧潭水喝了起来。然后，他让弟子们也尝一下。弟子们纷纷仿效师父的样子，喝了几口潭水后，便咂咂嘴。

智禅大师问道："小潭的水质如何呢？"

弟子们又用舌头舔了舔嘴唇，回答说："小潭里的水，比我们舍近求远担来的水甜多了。我们往后可以到这小潭来担水吃呀！"

智禅大师便让一个弟子提了一木桶潭水，然后回到寺院。午膳之后，智禅大师让每一个弟子都重新品尝一下从后山小潭打回来的水。弟子们尝过之后，都将水从口里吐了出来，一个个皱起了眉头。因为这水很涩，而且满是一股腐草味儿。

智禅大师解释道："为什么同一个小潭里的水，却有两种不同的滋味呢？因为你们先前喝水时吃过李子，口里留有李子的余汁，所以就把这水的涩味给掩盖了。而现在口中什么甜味都没有，所以水的本色就喝出来了。"

弟子们都认同地点了点头。

智禅大师看了看面前的弟子，意味深长地说："这世上有些事情，即使你我亲自体验过，也未必能触及它们的本质。"

不知你看过这个故事后有什么感想。世间万事，皆由人心"操纵"。

1994年，由阿诺德·施瓦辛格主演的电影《真实的谎言》即将在一个小城公映。为了扩大影响，电影公司的经理亲自上阵宣传，毕竟，二三十块钱一张的电影票在小城可是从来没有过的。为使电影吸引更多的观众，公司破天荒决定，在电影公映的头三天晚上7点推出"幸运观众撒谎大比拼"活动，撒谎最成功者将得到价值3000元的大彩电一台，每天一台。两天下来彩电真的当场就派送了，这在小城引起了极大轰动。很多人抱着不妨一试的心态前来参加。

在第 3 天晚上整 7 点，撒谎大比拼活动准时开始。活动规则是随机抽取现场观众，现场撒谎。主持人按动按钮，显示牌上数字闪烁："停！请把话筒交给第 8 排 22 号观众，好！请你给大家撒个谎。"

一位男性观众，50 多岁，站了起来，扶了扶眼镜："我是个老师，从来不撒谎。"

观众一阵哄笑。

主持人说："这的确是一个谎言，但太老套，不能获奖。"

"噢！"老师若有所思，"可我还没说呢。"

观众又一阵哄笑。

"我就说一个吧，我带过的一个高中学生，特别笨，各门功课加起来还不到 60 分，但我从来不打他，也不骂他，也不告诉他的家长，他上课说话我也不管，睡觉我也不管，不交作业我也不问，可他后来获得了大学文凭，而且还当上了局长。"老师说完将话筒递给了服务人员。

主持人笑笑说："他的学历可能是花钱买的，学历虽是假的，但你的话却是真的，所以你没有撒谎。"

观众哄笑。

"请第 10 排 15 号观众说谎。"

一个小伙子站了起来："我是交通局的一个公务员，我的这张票本来不是我的，电影公司送给我们局三位局长三张票，我们局长做了十几年的领导，但生活比较困难，最近女儿上了高中，他们家连吃饭都成了问题，所以局长就把这张票卖给了我，票价 30 元，卖给我 25 元。听说局长回去与在税务局工作的老婆大吵了一顿，他老婆说亏了五块钱……"

主持人认真听完，说："我知道，你们局长没这么穷。"

观众大笑。

"今天看来大奖要落空了，看来还是老实人多啊，现在让我们再看一位，第 18 排 28 号，多好的座位呀，有请！"

一位妇女被人拉扯着站了起来，揉了揉眼睛："干吗？电影还没放就把我弄醒了。"

观众哄笑。

"请你撒个谎。"

"我干吗要撒谎？"

"撒谎有奖啊，你看这大彩电，可能就是你的，就看你会不会撒谎了。"

妇女笑了笑说："什么大奖，明摆着是骗人，昨天中奖的是镇长的小姨子，前天中奖的是电影公司经理的亲戚，谁不知道这是在骗人，快把这鬼把戏收了吧，我等着看电影呢。"

全场沉寂，突然爆发出雷鸣般的掌声。

主持人不知所措，抓着头望着经理，经理挥挥手。主持人镇定了一下："绝妙的谎言，我宣布这位观众获得今晚的大奖。"

观众再一次鼓掌。

妇女又站了起来，平静地说："我说的是实话。"

可麦克风已被拿走，掌声淹没了她的声音。

这个故事有些夸张，但说明很多世事难测，人只有不以逐利为目的，平淡看待世事，才能让自己心态平和。我们每日浮沉于信息横溢的洪流中，穿梭来往于各色人群间，做到平和淡泊，"修"好自己宁静的心最重要。

活在此刻，让心感受当下

佛家讲求顿悟，即在一瞬间领悟。但人的思想的改变很费周章。有些人因为某件事情的触动，也许就在那么一瞬间"顿悟"了，看问题的角度会突然变化，但大多数人则不会如此。

禅宗要求人们"活在当下"，即面对任何事情都能保持淡泊而专注的心，这就是所谓的"定"，"定"则能生"慧"。人要活在此刻，让心感受当下，享受当前的人心"定"的本质。

在一个美丽的海滩上，有一位年近七旬的老人，每天坐在一块固定的礁石上垂钓，不管是刮风下雨，还是烈日当头，他都会来到这里，风雨无阻；不管运气怎么样，钓多抑或钓少，两个小时的时间一到，他便收起钓具，扬长而去。

老人的古怪行为引起了一个年轻人的好奇，终于有一天，年轻人忍不住走了过来，问他："当您运气好的时候，为什么不索性钓上一天，这样一来，就可以满载而归了！"

老人平淡地反问道："钓那么多鱼干什么？"

"可以卖钱呀！"年轻人觉得老人很傻。

"得了钱又来干什么呢？"老人仍然平淡地回问。

"买一张网，你就可以捕更多的鱼，卖更多的钱。"年轻人迫不及待地说。

"那更多的钱来干什么？"老人还是那副无所谓的神情。

"买一条渔船，出海去，就能捕更多的鱼，赚更多的钱。"年轻人认为有必要给老人订一个规划。

"赚了钱再干什么？"老人仍是副无所谓的样子。

"组织一支船队，赚更多的钱。"年轻人心里直笑老人的愚蠢。

"赚了更多的钱再干什么？"老人已准备收竿了。

"开一家远洋公司，不仅捕鱼，而且运货，来往于世界各大港口，赚更多更多的钱。"年轻人眉飞色舞地描述着。

"赚了更多更多的钱来干什么？"老人的口吻已经明显地带着些嘲弄的意味。

年轻人被这位老人激怒了，没想到自己反倒成了被问者："当然是为了享受生活！"

老人笑了："我每天钓鱼两小时，其余的时间嘛，看看朝霞，欣赏落日，种种花草蔬菜，会会亲戚朋友，优哉游哉，我已经在享受生活了。"说话间，老人已打点好行装，准备回家了——因为，今天的两小时已经到了。

垂钓只是为了"钓"，为了享受"钓"的乐趣，而不是为了鱼。抛弃功利思想，以一种悠闲的心态在海滩上垂钓，观朝霞，赏日落，这是一种多么令人神往的人生境界啊！

中国有句俗话："饥则食，渴则饮，困则眠。"可是当今社会有很多人过于贪婪，总是希望拥有越来越多的东西，尽管自己拥有的已经足够，却希望能得到更多，于是忘记了此时此刻的自己，忘记了自己原本纯真的一颗心。

以写《达到经济自由的9个步骤》一书而闻名的奥曼，买得起劳力士手表和名牌服饰，开得起豪华跑车，也能够到私人小岛度假，却坦白承认她没有满足感，甚至有好友在旁时她仍然感到寂寞。奥曼说："我已经比我梦想的还要富裕，可是我还是感到悲伤、空虚和茫然。钱财居然不等于快乐！我真的不知道什么东西才能带来快乐。"

像奥曼那样，为钱奋斗了大半辈子才悟出"有钱不一定快乐"的道理的人不在少数。一个人如果肯花时间静下心来读读普拉格的《快乐是严肃的题目》这本书，就会感悟出，"活在此时此刻，拥有感恩之心是快乐的秘诀"。

米兰·昆德拉在《缓慢》一书里这么说："在法国，每50分钟就有一个人惨死在公路上，看着公路上那些疯狂开车的疯子，真疯狂……"

在现今时代，每个人都活在风驰电掣的速度中，很多人仿佛停不下来的转轮，拼尽全力地"碾压"倏忽即逝的时间。有一位哲学家说："现代人一辈子里的最大浪费就是忙碌。"这句话让人深受启发。很多人都在忙，但为什么而忙，却又浑然不知。"忙得要死"、"忙得要命"，被人们无意识地挂在嘴边，然而，好多人却忘了"忙得要死"、"忙得要命"

的原因，也不知道为何而忙。昆德拉在书中写道："缓慢的乐趣在哪里？"这也是许多人想知道的答案，人生为何必须如此来去匆匆？老用对错、是非、好坏、富不富来评量，实在毫无品质可言。停下来吧！

诚然，人生活在这个世界上，确实需要去努力奋斗，但是奋斗只是生活的一部分，在奋斗之余，还可以挤出一点时间，享受当前的生活。不要因为赚了太多太多的钱，就忘记了生活是什么；也不要因为奋斗得太远太远，而忘记了奋斗的乐趣！

为了更好地生活，为了提高生活的质量，不妨让自己每天都享受一下生活的乐趣，感受一下此时此刻的美好生活。而要享受"慢生活"，人应该做到以下几点：

1. 按时回家

这是停下工作、过好生活的最基本要求，只要你记得按时回家，生活便会向快乐靠拢。别以为自己是天下最重要的人，该回家时回家，享受家庭生活的温馨，是对自己和家人的一种最大的善待。

2. 体会一下自然的美好

你不妨试着做一些与原来回家时完全不一样的事。比如，以前回家坐下便打开电视，现在则改成打开收音机，或者打开窗子，让和煦的风轻柔拂过，或者登上楼顶欣赏一下皎洁的月光。

3. 放慢动作

别急着把某一件事做完，别急着催促孩子吃饭、洗澡、睡觉，让生活依它的步调缓缓进行，你会发现，原来很多痛苦的始作俑者是自己。

调整心态，正确认识自己

在生活中，大多数人都必须被动地做些自己并不想做的事，"表演"一些自己并不喜欢"表演"的角色，过一种自己并不愿过的生活。

生命是一个过程，在这个过程中，我们会与很多人、很多事物相逢，我们会有很多喜好、很多追求。有人终生碌碌于执着的追求，而有人则会在忙碌中享受闲暇。真正有意义的事情会使短暂的生命变得丰盈。所以，我们该如何度过这宝贵而又短暂的人生呢？

西方哲学家卡西尔在《人论》中有这么一句话："认识自我乃是哲学家探究的最高目标。"可见，人生最基本的是做好自己，正确认识自我非常重要。

慧安禅师高寿达 128 岁，曾被武则天、唐中宗迎到宫中以"活佛"敬养。有一次，有两位僧人问他："达摩祖师西来的意旨是什么？"慧安禅师却反问一句："为什么不问问自己的意旨？"

可见，人不要妄自菲薄，被别人"牵着鼻子走"，要特立独行，有自己的主见。

宋朝大慧禅师的门下，有个名叫道谦的和尚。有一回，道谦听说师父大慧禅师要差遣他出远门办件事。道谦自忖参禅 20 年，至今还没有入门，而这次外出需半年之久，参禅这件大事肯定是要荒废了，想到这里，道谦心头顿时闷闷不乐起来。

宗元和尚知道了道谦的苦恼，安慰他说："我陪你一起去吧，我将尽我所能来帮助你。"

于是，他们一起上路了，餐风饮露，朝行夜宿，可宗元一直闭口不谈佛理悟禅的事。一天晚上，失望的道谦流着眼泪请求宗元帮他解决悟禅的奥秘。宗元却对他说："我能帮你的事尽量帮你，但有五件事是无法帮助你的，这五件事必须你自己做。"

道谦问是哪五件事，宗元回答说："当你肚饿或口渴的时候，我的饮食不能填你的肚子，你必得自己吃，自己喝，这两件事我不能帮你。当你想大便或小便的时候，必得自己拉屎撒尿，这两件事我也一点不能帮你。最后，除了你自己以外，谁也不能驮着你的身子在路上走。"

就是这几句浅显道理，叩开了道谦的心扉，他猛然醒悟过来。

这时候，宗元告诉道谦，自己的任务已经完成，再陪他走下去，已没有什么意义了。于是，他们第二天分道扬镳，道谦独自以轻快的心情自信地踏上了行程。

半年以后，道谦办事完毕，回到寺庙复命，在半山亭遇见了师父大慧禅师，大慧禅师欣喜地对僧徒们说："这个人（道谦）连骨头都换了。"

想当初，道谦处处依赖师父，患得患失，以为离开了师父就不能参禅了，结果迟迟难以"开悟"。后来在宗元的启发下，发现了"自我"，认识到一个人从根本上来说靠的是"自悟自证"，这时候，他才开始走上了"悟禅之道"。所以，一个人一旦真正懂得了自身的价值，他的潜能就会充分发挥出来，他的气质、精神面貌就会焕然一新。

放下对外物的执着，摆脱失落感

当今社会，竞争越来越激烈，有时候我们要处理各种复杂的事情，难免会有失落、伤感等负面的情绪。孔子说："君子坦荡荡，小人长戚戚。"现实中很多人之所以"长戚戚"，就是因为心里"想不开"的东西太多了。因此，我们需要有豁达的心胸，能够及时调整消极的心态，将所有不快乐的情绪统统抛弃，简单快乐地生活。一个人只有"廓然而大公，物来而顺应"，才能坦然地看待生活，看待人生。

一位高级经理人这样叙述了自己的感受：

"近来，我被一种莫名其妙的失落感笼罩着，我徒劳地想摆脱出来，可悲的是我连这种情绪是怎么回事都未弄清楚……世上万物仿佛一只大网直扣下来，渺小的自我只能在大网之下做着莫名其妙的挣扎和寻找。

"……大学毕业后，我就在现在的单位就职，周围的人因为我的职位和环境而羡慕我的机遇、我的幸运、我的一帆风顺。"但是生活并非如人们想象得那么轻松愉快。在春风得意的背后，深深的精神危机困绕着我，无论繁忙还是悠闲，内心深处总被一种难以遏制的渴望灼痛着，使我无法安宁。人们会问：你究竟有何不适？你还想得到什么？我无言以对，然而那种感觉却日复一日年复一年地滋长着……"

这就是失落的现实表现！失落感是一种由多种消极情绪组成的情绪体验，如忧伤、苦恼、沮丧、烦躁、内疚、愤怒、心虚、彷徨、痛苦、自责、焦虑、不安、抑郁、悲伤、恐惧、孤独、嫉妒、沉默等等。失落者是一种角色的错位，因为个人在社会生活中失去了位置，个人的价值找不到实现的方式。这种感觉是被社会遗忘的空虚，是一种身属其位，却又不知自己在生活的哪一个坐标上的茫然，失落者心中只有无限的怅惘，于是悲观失望的情绪便充溢内心。

一般来说，一个人产生失落感的原因主要有以下两点：

一是不适应角色的转变。

一个人在失去原来已习惯担任的角色时，很容易产生失落感。比如，青年学生在学校生活久了，大学毕业之后必须参加工作。但离开久已默契和合拍的"象牙塔式"的生活之后，很多人很难在社会中找到自己的角色位置，即使找到了工作，碰到不如意或困难，便容易产生失落感和畏难情绪。

二是理想与现实相差太远。

有位哲人说：期望越高失望越深。此话颇有道理。当一个人在生活中找不到适合自己的位置时，便会有一种被生活遗忘的感觉，以为自己是个"多余的人"。很多失业的人的失落感大多是由此引起的。

人们大多期望拥有一切美好。但生活中太多且不合理的期望，有时只是自己的一厢情愿。当现实生活向你走来、当你达到目标困难重重时，你那过高的、超出自己实际能力的期望如美丽的肥皂泡一样轻易地破碎了，于是失落感就此而生。比如，一些年轻人总感觉自己眼前的工作不适合自己，以为自己可做个部门经理，但实际上又没什么专长，这样高不成低不就的状态，只能让他由一个公司跳到另一个公司，最后自己感慨自己"运气不好"。

烧毁一座历经数年才建起来的房子，仅仅需要几分钟；毁掉画家数年才画出来的一幅画，只需一笔。同样，愤怒、嫉妒、悲伤、忧郁、担忧这些极具破坏力的情绪，也能毁掉我们"画"了数年的人生画卷。失落会引发多种消极的思想，当一个人焦虑、怀疑或沮丧时，他不可能有正确的判断，也不可能有好的思维状态，更不可能有效地集中注意力。

沮丧使人不能做出正确的判断。人一旦"忧郁"或遇有不顺心之事时，生活的一切标准都会降低；悲观失望时，做事情会遭遇失败。人愁眉不展时，极易干出各种各样的"蠢事"来。

所以，当你处于担忧或焦虑状态时，绝不要随意行事，要及时调整自己的心理状态；在思维清晰、头脑清醒时，再执行你的计划，贯彻你早已制订的行动路线。因为对于有效的思维而言，心平气和、镇定自若、情绪稳定、气定神闲是绝对不可少的。

一个人只要不把自我凌驾于他人之上，不执着于外物抱残守缺，而是遵循事物原本的道理，就会发现自己的心境无比开阔，原本时常受到外界影响的情绪也不再大起大落。这种"不以物喜、不以己悲"的顺其自然的境界，正是我们追求的平和的心境。而以平和的心态做事，不管遇到什么样的挫折和失败，人都不会感到失落。

生活本身既是简单的，也是复杂的，保持好心情取决于人的生活态度，人要明白在关键时刻应该紧紧抓住什么，在什么时候又该放弃什么，这样才能有效地摆脱痛苦的失落感。

可是，在日常生活中，很多人把自己的自我价值寄托在功名之上，这样的人如果有朝一日事业遇到挫折，就会感受到前所未有的巨大心理压力；如果有一天他发现自己的抱负不能实现时，就会垂头丧气，精神处于崩溃的边缘。这是因为他的心里有太多的东西"放不下"。

学会放弃是获得好心情的重要方式，这是需要理智和远见的。人这一生有很多东西难以舍弃，正是因为不愿放弃才心生烦恼，使自己难以获得真正的愉悦。放弃，意味着我们与自己心中想要得到的东西擦肩而过。有时我们会难以割舍眼前的既得利益，比如说放弃自己的名誉和荣誉，比如说放弃金钱和地位，比如说放弃诱惑，等等，这都需要我们调动自己的智慧和勇气，进行缜密的分析判断，淡泊名利，并且无怨无悔。

生活迫使我们要学会争取自己的利益，同时也要求我们学会放弃利益。如果你觉得生活太苦太累，如果你有太多的心事和苦恼，如果你被众多的诱惑迷乱了双眼，那么，请尝试放弃一些"包袱"，你的心会豁然开朗。

思维的艺术在于学会清除思想的"敌人"，在于学会清除那些使我们不幸福和阻碍我们成功的"敌人"，学会专注于真、善、美而非假、恶、丑，学会专注于和谐而非混乱不堪，学会专注于健康而非疾病及不好的情绪，等等，而做到这些，是一件了不起的事情，是一件不容易的事，但也是可能做到的事。它需要健康的思维艺术，这种思维艺术能使人形成正确思维的习惯。

要想断然拒绝这些剥夺你幸福的忧伤和沮丧，改变因为害怕忧伤和沮丧而对你产生的影响，不妨证明自己对社会是有用的。也许你现在担任的角色并不是最适合的，不是最理想的。但不管怎样，对目前的角色都要积极地扮演，积极的生活态度会使你自己感到充实。因为任何一个角色都是社会中一个不可缺少的环节，积极的努力会体现出它的主要作用，个人的价值也会因此而实现。而且，只有积极扮演自己的角色，你才可能发现自己的才能，才可能找到更适合自己的位置。

进攻是最好的防守，要使生命没有黑暗，最好的办法就是使生命充满阳光；人要远离邪恶，就得多想想美好可爱的事物；要摆脱一切讨厌和不健康的东西，就必须深思一切怡人和有益健康的事情。

一位著名的学者指出：如果你能改变你的思想，从失落、悲观走向乐观、积极，你便可以使你的一生发生改观。困难和挫折并不可怕，关键是对它们要保持积极的心态，看到自已具有足够的力量。为此，我们应当了解和把握以下几条原则：

1. 每个人都会面临困难

在困境中挣扎奋斗的人越遇到失败的危险越应努力拼搏。经验证明，抵达终点的人，一定是不惧困难，克服困难的人。人人都有烦恼。没有烦恼的生活，是一种幻想和自欺欺人，追求这种没有烦恼的生活，只会徒耗生命。

2. 每个困境都会过去

没有人一生一帆风顺，任何人都会遭逢厄运。困境和难题总会随时间的推移和人的顽强努力而得到解决。困境和难题中也会隐含着创造机会的可能。

3. 心态好最重要

人要能够控制自己的心态。心态好最重要，是对待困难的关键所在。好的心态使你可以变得更坚强、不软弱。态度决定一切。

4. 永远不消极

强者能够成功，是因为他们在面临困境时，总是采取积极的态度。人要学会选择机会，激励自己继续奋斗。

人要尽早养成随时抹掉自己头脑里一切悲观失望的消极思想，代之以光明、使人振奋的积极态度，并为之奋斗。

全力以赴，从内心选择幸福

人生没有回头路。常言道："有花堪折直须折，莫待无花空折枝。"在我们有限的人生中，珍惜眼前的事物，该在今天做的事就全力以赴地用心去做，千万不要拖延到明天，才能创造最大的人生价值，不辜负自己的生命。

芙蓉因其高雅而让人欣赏，海燕因其勇敢而让人佩服，种子因其坚强而让人敬仰，小草因其不屈而被人赏识。大千世界，万事万物都在为自己的生命能够闪亮而全力以赴，人生的精彩也在于人们全力以赴地对自己所做的事情付出，在于从内心之中选择幸福。

有个年轻人离开故乡，想要开创自己的未来。少小离家，他心里难免有些惶恐。于是，他在出发前特地拜访了本地很有名气的一位老和尚，请求指点。

老和尚正在河边写字，用一根树枝在沙地上挥毫写意，看见年轻人讨问前程，就随手写了两个字"无畏"。和尚并未抬头，只是对他说："人生四字秘诀，老朽先给你一半，足够你半生受用的。"说完又自己写起字来。年轻人不大理解地走开了。

很快，30年过去了。当年的年轻人已经有了一些成就，当然也添了不少伤心事。于是，他又去拜访那位老和尚。可是，老和尚几年前已经去世了，僧人取出一个信封交给他，说："这是师父生前留给你的，说若你日后来取，请你自行打开。"他有些惊讶，慎重地接过来拆开封套，只见里面赫然写着两个字"无悔"。

他顿时百感交加，回想自己30年来的所得所失，竟然全在老和尚的四个字之间。

这个故事告诉我们，干事业，需要无畏；过生活，需要无悔。人的一生应该在无畏无悔中度过，认准的，就勇敢去做；虽然有时候会犯错误，但不必懊悔，因为错误在所难免。

很多人在历经沧桑、懂得很多人生的道理之后，都会觉得无畏无悔的人生是最值得的。

一个商人的生意越做越小，遇到了经营困难，于是请教城中一位智者，问该怎么办。

智者说："后面的禅院有一台压水机，你去给我打一桶水来。"

半晌，商人汗流浃背地跑来，说："不行，压水机下面是枯井。"

智者说："那你就去市场买一桶来吧。"

商人去了，回来后仅仅拎了半桶水。

智者问："我不是让你买一桶水吗，怎么才半桶呢？"

商人红了脸，连忙解释说："不是我怕花钱，是因为走得太远，拎不动啊！"

智者坚持说："可是我需要的是一桶水，你再跑一趟吧。"

商人又到市场拎了一桶水回来。

智者说："现在我可以告诉你解决的办法了。"于是带商人来到压水机旁并对他说："将那半桶水统统倒进去。"商人非常疑惑，站在那里犹豫着。

"倒进去！"智者命令道。

商人于是硬着头皮将那半桶水倒进压水机里，智者让他压水看看。商人压水，可只听到那喷口"呼呼"作响，没有一滴水出来，那半桶水全部让压水机吞进去了。商人恍然大悟，他又拎起那整桶水全部倒进去，再压，清澈的井水果然喷涌而出。

这个故事告诉我们，遇到困难时，不要气馁，付出是正常的，有些时候，甚至还要多付出，才能看到成功的曙光。

芙蓉高雅，却扎根于淤泥之中；海燕翱翔，却常常遇上恶劣的天气；种子成长于乱石之中，小草卑微，但却在人们的践踏之下顽强成长。所以，只要全力以赴，即使微不足道的力量也可以展示生命的精彩。人生也是这样，一个人如果用尽全力做事情，那么，即使有再大的困难，他也会有所收获。

全力以赴，即便不能成为奔腾的大海，也可以成为勇往

直前的小溪；即便不能成为无际的蓝天，也可以成为悠然自得的白云；即便不能成为参天大树，也可以成为顽强不息的小草。

控制欲望，知足常乐

古人说："少欲无为，身心安在。"人只要能控制好自己的欲望，做到知足常乐，人生便会因此而多几分乐趣。

李叔同出身于富商之家，可谓锦衣玉食。但他后来却甘于平淡，把功名利禄视为浮云。

李叔同曾经写过一首小诗《断句》，诗中有这样一句："人生犹似西山日，富贵总如草上霜。"他把功名富贵比喻成草上霜。草上霜是什么样的？洁白如玉，然而，不能久长，转眼之间即化而为水。

富贵功名犹如草上之霜一般，转瞬即逝，不能持久，所以不宜看得太重。

富贵是什么？通俗点说，就是钱财。钱财可以买到"婚姻"，但买不到"爱情"；可以买到"药物"，但买不到"健康"；可以买到"书籍"，但买不到"智慧"；可以买到"伙伴"，但买不到"朋友"；可以买到"豪宅"，但买不到"幸福"。所以，钱财并不是万能的，它只是人类社会交换商品的一种货币，可以使人的生活更加便捷、更加丰富多彩。但钱财是为人所用的，人千万不要为钱财所"驱使"。

从前有两兄弟，他们自幼失去父母，兄弟俩相依为命，家境十分贫寒。他们俩起早贪黑，以打柴为生，生活十分辛苦。但他们从来都不抱怨，而是一天到晚忙个不停。哥哥照顾弟弟，弟弟心疼哥哥。二人生活虽然艰苦，但日子过得还算舒心。

观世音菩萨得知他们二人的情况，决心帮他们一把。一天清早，兄弟俩还未起床，菩萨来到了他们的梦中，对兄弟俩说："在远方有一座太阳山，山上堆满了黄灿灿的金子，你们可以前去拾取。不过一路上有很多艰难险阻，你们可要小心！另外，太阳山温度很高，你们只能在太阳未出来之前拾取黄金，否则等到太阳出来了，你们就会被烧死。"菩萨说完就不见了。

兄弟二人从睡梦中醒来，心中很是兴奋。他们商量了一下，便启程赶往太阳山。一路上，有时遇到毒蛇猛兽，有时遇到狼虫虎豹，有时狂风大作，有时电闪雷鸣，兄弟俩团结一致，最终战胜各种艰难险阻，不知过了多长时间，他们终于来到了太阳山，这时太阳还没有出来。"啊！漫山遍野的黄金，晃得我眼睛都睁不开了。"弟弟一脸的兴奋，没有了长途跋涉的困顿与疲惫。哥哥则只是淡淡地笑了笑。

　　哥哥从山上捡了一块大金子装在口袋里，不再捡了。弟弟捡了一块又一块，不一会儿整个袋子都装满了，还是不肯住手。太阳快出来了，哥哥想起了菩萨的警示，说："太阳快出来了，赶快回去吧！"弟弟却说："我好不容易见到这么多金子，你就让我一次捡个够吧！"说完他又忘我地捡了起来。哥哥只好自己下山了。

　　太阳出来了，太阳山的温度也在渐渐地升高。弟弟看到了太阳，急忙背着金子往回走，可是金子实在太重了，他的步履有些蹒跚，太阳越升越高，弟弟终于倒了下去，再也没有站起来。哥哥回到家之后，用捡到的那块大金子作本钱，做起了生意，后来成了远近闻名的大富翁，弟弟却永远留在了太阳山上。

《西厢记》中崔莺莺曾经在张生准备赴京赶考之时，发了一声怨叹："蜗角虚名，蝇头微利，拆鸳鸯在两下里。一个这壁，一个那壁，一递一声长吁气。"这是她对富贵功名的轻视。但在现实中，很多人的趋利性变得越来越强，他们的内心往往不能平静，结果反而害了自己。

《明心宝鉴》里有一段话：心安茅屋稳，性定菜根香。世事静方见，人情淡始长。

人如果心不安，永远不会有"稳"的感觉；如果欲望太强，永远都不可能安贫乐道，不可能过像古人那种咀嚼菜根却津津有味的生活。"性定菜根香"，性没有定，当然不可能觉得菜根香。

"身不宜忙，而忙于闲暇之时，亦可警惕惰气；心不可放，而放于收摄之后，亦可鼓畅天机。"这段话出自《菜根谭》，讲的是怎样处理人的"忙与闲"，以及心的"收与放"的关系的问题。如果说为名利会牺牲身体、劳费精神，那么还不如静下心来做些自己力所能及、真正喜欢的事；如果说为了自己在他人心目中的形象和地位会殚精竭虑、心力交瘁，还不如放弃身外之物，安贫乐道，陶醉于物我两忘、顺其自然的精神幸福中。所以，人如果想谋求最大的幸福，就必须追求内心的安宁、自在。所谓"忙于闲暇"，是指就算忙，也要有宁静、淡定的心情。所谓"心不可放"，是说不可把心迷失、沉没在追名逐利之中。

在权位、名利之间，很多人都说对功名富贵不在乎，但真正能做到淡泊名利、知足常乐的人并不多。很多人一旦有了功名，就会把控不住自己。当然，"人逢喜事精神爽"，这也是人之常情，在所难免。但得意之势要把控得当，不可洋洋得意，不可一世。有些人一旦仕途失意，虽然口中说"这样好，可以休息休息。我求之不得！"之类貌似"无所谓"的话，但这不一定是真话。事实上，人要做到淡泊名利是非常不容易的。

当然，在追名逐利的现实社会里，也会有一些特殊的情况，有些人并不会为这样的现实所"污染"，而是时刻都保

持着平常心。他们不趋名求利，能够抗拒物欲的诱惑，能够抵御虚名的侵蚀。我们要向这些人学习，如果我们也有这样的心态，我们的生活将会拥有更多的欢笑。

该随缘时要随缘，该淡泊时要淡泊

人生就像气球，一味地孜孜以求或者一味地放任自流，都有其弊端。一个人，心中欲望愈多，气球愈大，可能随时会爆炸；但总放气的气球，有时又会到处乱飞。这时候，不妨随性一点，这样会更自在。

小和尚看见草地一片枯黄，对师父说："师父，快撒点草籽吧，这草地太难看了。"

师父说："不着急，有空了我去买一些草籽，什么时候都能撒，急什么呢？随时吧！"

中秋时节，师父把草籽买了回来，给小和尚说："去吧，把草籽撒在地上。"小和尚兴高采烈地说："撒了草籽，不久就能长出绿油油的青草了！"

起风了，小和尚一边撒，草籽一边飘。"不好了，不好了！好多草籽都被风吹跑了！"小和尚喊道。

师父说："没关系，吹走的草籽都是空的，撒下去也不会发芽，担心什么呢？随性吧！"

草籽撒好了，飞来了许多麻雀，专吃地上饱满的草籽。小和尚看见了，惊惶地说："不好了，草籽都被麻雀吃了，这下完了，完了！"

师父说："没关系，草籽多，小鸟是吃不完的，明年这里一定还会有小草的，你就放心吧，随意吧！"

夜里哗哗啦啦下了一晚上的大雨，小和尚担心草籽会被冲走，一直不能入睡。第二天天刚亮，他早早地跑出了禅房，果然地上的草籽都被大雨冲走了，他马上跑进师父的禅房说："师父，昨夜一场大雨把地上的草籽都冲走了，怎么办呀？"

师父不慌不忙地说："不着急，草籽被冲到哪里，它就在哪里发芽，随缘吧！"

过了没多久，小草破土而出，原本没有撒到草籽的一些角落里居然也长出了许多青翠的小苗。

小和尚高兴地对师父说："师父，太好了，小草长出来了！"

师父点点头说："随喜吧！"

随时、随性、随意、随缘、随喜，这是对生活多么透彻的认识！这是一种精神上的洒脱、一种思想上的成熟、一份人生的豁达，一种恬淡的生活态度。

人要努力使自己保持一颗平常心，戒骄戒躁，少一些私心杂念，多一分宽容，这样就可以做到安详恬淡、处变不惊。

人生旅途上，不可能凡事一帆风顺、事事如意，人总会有烦恼和忧愁。当不顺心的事、困难的事萦绕着我们的时候，我们应该坦然面对。

药山禅师有两个弟子，一个叫云岩，一个叫道吾。

有一天，师徒三人到山上参禅，药山禅师看到山上有一棵树长得很茂盛，旁边的一棵树却枯死了，于是问道："荣的好呢，还是枯的好？"

道吾说："荣的好！"

云岩回答说："枯的好！"

正在这个时候，来了一个小和尚，药山禅师就问他："你说是荣的好，还是枯的好？"

小和尚说："荣者任它荣，枯者任它枯。"

药山禅师说："荣自有荣的道理，枯也有枯的理由。我们平常所指的人间是非、善恶、长短，可以说都是从常识上去认识的，都不过停留在有分别的界限而已，小和尚却能从无分别的事物上去体会道的无差别性，所以说，'荣者任它荣，枯者任它枯'。"

这个故事告诉我们，我们所认识的现象千差万别，很多是非、善恶、长短都不是绝对的。古人有"不以物喜，不以己悲"的佳句，目的是告诉我们，人如若能够保持一种平常的心态，学会控制自己的情绪，这个世界展现出的景象就会是祥和、恬静。

随缘是一种积极的心态，也是一种意境；是举重若轻、游刃有余的潇洒风度；是"知其不可为"时的果断放弃。总而言之，"随缘"是一种审时度势、另辟蹊径的处事态度。

为人为善，培养善心

在生活中，我们不难发现有这样一类人，他们常以自我为中心，凡事只希望满足自己的欲望，却不愿为别人做半点牺牲，更不愿与人分享快乐或者为他人提供帮助，自私自利、损人利己，他们强烈希望别人尊重自己，却不知道自己也需要尊重别人。

面对好东西，很多人的第一反应就是将它紧紧攥在手里，因为它能带给自己快乐的感受，令自己只想独自拥有。这当然无可厚非，但是，可别忽视了，享受快乐是人生的一大快乐，分享幸福更是一大乐事。自私的人在交往中只索取，不付出，人际交往的圈子会越来越小，最终只能走入"死胡同"。

因此，自私、狭隘只会使自己孤立无援。多为别人着想，为对方设身处地地考虑问题，才会让你赢得更多的朋友，收获更和谐的人际关系。

禅师在院子里种了一棵菊花。第三年，满院都长满了菊花。秋天，菊花再开时，香气四溢，一直飘到了山下的村子里。

来过寺院的人都忍不住赞叹："多美的花儿呀！"终于，有人开口向禅师讨要几株花栽在自家院子里，禅师答应了。他挑出开得最鲜、枝叶最粗的几棵送给对方。消息很快传开了，前来要花的人络绎不绝，没过几天，院里的菊花很快就送得一干二净了。

失去了菊花，没有了花香，院子里一片残败，一片寂寥。弟子看到满院的凄凉，说："真可惜，本该是满院香气的。"

禅师笑着对弟子说道："你想想，这样岂不是更好，三年后一村菊香！"

"一村菊香！"弟子心头一热，望着禅师，脸上绽放出比开得最美的菊花还要灿烂的笑容。

在禅师乐善好施、广结善缘的善行下，满禅院的菊花变为了一村子的菊花，香气满人间。

人若自私，就好比是骑马走到悬崖边，如果不及时勒紧缰绳，便可能跌到悬崖之下。因此，对于别人提出的建议要用理性的态度去审视，用智慧去分析，不可固执己见，我行我素，否则会做出后悔莫及的事情。

那么，我们怎样逐渐克服不良的以自我为中心的意识呢？如下建议可供参考：

1. 要正视社会现实

社会上的每个人都有各自的欲望与需求，也都有各自的权利与义务，这就难免会出现矛盾，不可能人人如愿。这就要求人正视客观现实，学会礼尚往来，在必要时做出让步。当然，应该承认自我权利与欲望的满足，但也不能只顾自己，而忽视他人的存在。如果人人心中都只有自我，那么，这个世界是不会有大发展的。

2. 从自我的圈子中跳出来

人要多设身处地地替其他人想，要多理解他人；学会尊重、关心、帮助他人，这样日后才有可能获得他人的回报，从中体验到自己的价值与幸福。

3. 加强自我修养

人要充分认识到自我中心意识的不现实性、不合理性及危害性；学会控制自己的欲望与言行；把自我利益的满足置于合情合理、不损害他人的基础之上；做到"把关心分点儿给他人，把公心留点儿给自己"。

舍弃小我，成就大我，有舍才有得。帮助别人，分享了自己的快乐，广结了善缘，这就是最大的幸福。人与人之间是互相成就的，他人有困难请你相助时，不要轻易拒绝，因为你也有需要别人帮助的时候。

很多人在帮助别人的时候，希望能得到回报，事实上，人应该时刻怀抱着一颗平常心。平常心会让自己更快乐。

在生活中，我们总会遇到这样或那样的困难，人不可能一辈子都飞黄腾达，也不可能一辈子都贫穷失意。人在失意的时候如果得到了他人的帮助，即使这是一种不求回报的奉献，但这种善行也要铭记一生。

二十年前，一个年轻的学生家住南方的一个山区，家里很穷，无法供他上大学。为了不放弃读书的机会，他独自北上求学，一边打工，一边念书，处境很是艰难，有时连一日三餐都难以保障。

一天下午，眼看晚饭时间就要到了，他却心情异常沉重，身边的朋友们商量着去哪儿大吃一顿，问他要不要一起去，他推托说有事情要忙。朋友们离开了，他紧紧攥着口袋里仅剩下的几块钱——这些钱连买一份最便宜的饭菜都不够。

黄昏时分，他还在街头独自徘徊。为了避免碰到熟人，他拐进一条小巷子，在一家小饭馆门口等待，饭店刚开不久，招牌看上去很新。等到店里客人都离开了，他才面带羞涩地走进店里。他低着头小声对老板说："请给我一碗白饭，谢谢！"见他没有选菜，老板一阵纳闷，却也没有多问，立刻盛了满满一碗白饭递给他。他心里暗暗松了一口气，掏出钱交给老板，又不好意思地问了一句："您这里还有没有菜汤，我想淋在饭上。"老板娘端来菜汤，笑着说："没关系，尽管吃，菜汤免费。"饭吃到一半，想到淋菜汤不要钱，他又多叫了一碗。

"一碗不够是吗？这次我给你再多盛一点。"老板很热情地回答。"不是的，我想带回去，当明天的午餐。"老板听后，走进厨房好一会儿才拿着餐盒出来。他吃完饭起身，接过餐盒时觉得沉甸甸的，略有所思地看了老板夫妇一眼。临走前，老板笑盈盈地对他说："要加油啊，明天见！"话语中透露着请男孩明天再来店里用餐的意思。那盒饭的确是沉甸甸的，白花花的米饭下面有一大匙店里的招牌肉臊和一颗卤蛋，更装着老板的热情和良苦用心。

他离开饭馆后，老板娘不解地问丈夫："我知道，你看他还是个学生，而且生活很困难，所以想帮他。可是为什么不将肉臊和卤蛋大大方方地放在饭上，却要藏在饭底呢？"老板贴着老板娘的耳朵说："他要是一眼就见到白饭加料，说不定会认为我们是在施舍他，这不等于直接伤害了他的自尊吗？这样，他下次一定不好意思再来。如果转到别家一直只是吃白饭，怎么有体力读书呢？"

回到学校后，他打开饭盒，不禁热泪盈眶。打从那天起，他几乎每天黄昏都会来饭馆，在店里吃一碗白饭，再外带一碗走，当然，带走的那一碗白饭底下，每天都藏着不一样的"秘密"。后来他毕业参加工作了，往后的二十年里再也没来过这家饭馆。

一天，年近五十岁的饭店老板夫妻接到拆除建筑店面的通告，两人不禁焦急万分。就在这时，一个身穿名牌西装的人突然来访。"你们好，我是某某企业的副总经理，我们总经理让我前来恭请二位，希望你们在我们公司里开自助餐厅，一切设备与材料均由公司出资准备，你们只需要负责菜肴的烹煮，至于赢利的部分，你们和公司各占一半。"

夫妻二人大惑不解："你们公司的总经理是谁，他怎么会知道我们的事情，还要帮我们？"

"你们是我们总经理的大恩人和好朋友，总经理最喜欢吃你们店里的卤蛋和肉臊。"

就这样，二十年后，当年的学生再次见到了这一对曾经无私帮助他的夫妻。现在的他早已不是当年那个为了一日三餐发愁的大学生，通过自己的奋斗，他已经成功建立了自己的事业王国。如果没有老板夫妇的鼓励与暗助，他或许连学业都难以顺利完成，成功后的他一直都在默默关注着这对夫妻，等待着机会报答他们。

虽然故事中这对朴实的夫妇没有希冀学子的回报，但他们的爱心不是给了他们最大的奖励吗?

那么,在生活中我们应该如何来具体践行善行,分享自己的爱心呢?

1. 敬老爱幼

孝敬老人,爱护孩子,这是我们最容易做到的,作为责任和义务,也是每个人都必须做到的。

2. 热心公益

有很多利于社会、利于百姓的公益事业我们可以积极参与。一个人有能力,就一个人做;没有足够的能力,可以请大家一起来做。

3. 扶危济困,资助需要帮助的人

这需要我们量力而为,能够帮助需要帮助的人,对于双方都是大有裨益的,正所谓"送人玫瑰,手留余香"。

4. 救人危难

人在有急难、危险的时候,我们应尽可能伸出援手,及时帮助。

分享能收获双向的快乐

分享并不是完全失去，而是一种高尚的、双向的收获。分享快乐能感染人的好心情，向他人倾诉痛苦则能安慰我们的心灵。

"一份快乐，假如你学会和身边的人一起分享，那么你就会拥有两份甚至是更多份快乐。一份痛苦，假如你能向你身边的人倾诉，那么你将只剩下的半份痛苦。"

人生之中，分享是我们最值得去做的一件事情，我们要学会和身边的人一起分享生活中的酸甜苦辣。只有懂得分享、乐于分享，我们才能让自己得到别人的尊重和认可，才能帮助我们的事业走向成功。试想，假如在你自己的工作中有一点经验积累的时候，你不愿意去和身边的人分享，那么你的经验创造的财富只是你自己取得的那么一点点而已，而当你用一颗大度的心和周围的人分享自己的经验时，你的经验和知识创造的财富将会成倍地增长。

举个简单的例子：如果你拥有四个橘子，请不要把它们全都吃掉，因为即使你把它们全都吃掉，你也只是吃了四个橘子，只尝到了一种味道——橘子的味道。如果你把另外三个拿出来给别人吃，尽管表面上你少吃了三个橘子，实际上你却收获了其他三个人的友情和好感，甚至以后你还能得到更多——当别人有了水果时，也一定会和你分享，你会从这个人手里得到一个苹果，那个人手里得到一个梨，最后你可能就得到了四种不同的水果、四种不同的味道、四个人的友谊。人一定要学会用自己拥有的东西去换取对自己来说更加重要和丰富的东西。

杜甫的名诗《客至》中的"肯与邻翁相对饮，隔篱呼取尽余杯"，就很好地表现了"分享"这一主题：诗人独自在家中感到孤独，但在此时，佳客盈门，诗人便将自己的喜悦毫不保留地倾吐并分享给了众人。之后，诗人不再孤独，而是觉得非常高兴，因为自己的感受有人和他一起分享。所以说，分享是生活中的一种乐趣，正是这种乐趣让我们在简单的生活中品尝到了快乐。

比尔·盖茨曾说："每天清晨当我醒来，我便思索着如何与他人分享我的快乐，因为那会使我更快乐。"分享能够提升人生的情趣与境界，赢得人们的尊敬。因为分享，人与人之间的隔阂渐渐消失；分享能带给人们精神上的充实与快乐，因为分享是一种大智慧，懂得分享的人能收获高于他人几倍的快乐。盖茨也的确如其所言做到了分享：他与世人分享他最新的研发成果；他与社会分享自己的财富；他在分享中得到了人们的敬重，在敬重中获得了更多的快乐。

艾米是哈佛大学的一名高才生，他不但成绩突出，性格也随和，他无论走到哪儿都会赢得别人的喜欢。小时候，他与姐姐分苹果，由于只有一个苹果，艾米的姐姐用袖子擦了擦，然后笑着递给艾米。艾米狠狠地咬了一大口后还给她，紧张兮兮地盯着苹果和姐姐的脸，当姐姐只咬了一小口又递给艾米时，他这才松了一口气，又在姐姐含笑的目光下咬了一大口。就这样，艾米大口，姐姐小口地吃完了苹果。

后来，艾米去了祖父祖母家生活。在艾米的记忆中，祖母总是把好吃的东西留给他和祖父，而祖母自己总舍不得吃。有一次，他们祖孙三人一起吃着晚饭，气氛和谐而宁静。晚饭很简单，一人一碗面，艾米和祖父的碗里各有一个荷包蛋，而祖母的碗里却没有。祖父发现后，像往常一样，用筷子把他碗里的荷包蛋夹成两半，将另一半夹到祖母的碗里，说："你要多吃一点。""还是你吃吧。"祖母边说边把那一半荷包蛋又夹回到祖父的碗里。祖父怎么会肯呢！于是，夹起来又放到祖母的碗里。就这样，谦让了半天，最后祖母又像往常一样把那半个荷包蛋夹到艾米的碗里："你正在长身体，你吃了它。"

看着慈祥而清瘦的祖母，艾米觉得自己不应该接受这半个荷包蛋，脑子里迅速地盘算着怎么才能把它轻松地送出去，突然一个激灵，他想起了从书上看到的一招，于是计上心来。

"荷包蛋好咸啦！"艾米夹一小块尝了尝，然后对祖母叫喊道。

"好咸？"祖母惊奇地看着艾米。"不信？您尝!"艾米边说，边迅速地把那半个荷包蛋转移到祖母的碗里。祖母尝了一小口，正要说什么，突然看见艾米在偷笑，立即明白了他的计谋，嗔道："你这个小鬼头!"说着，就要把荷包蛋弄回艾米碗里。"我顶多只要一半，不然我一点都不要。"艾米撒娇道。最后，祖母没法，只得和艾米分吃了那半块荷包蛋。那天晚上，是艾米生平第一次主动与人分享东西。在泛黄的灯光下，他们祖孙三人静静地吃着，空气中充满了爱和关怀的气息。与祖母分享的荷包蛋，让艾米平生第一次感受到了分享带来的快乐和幸福。

在以后的学习中，艾米时时与人分享——分享他的学习经验与教训，分享他学习中的喜悦与悲伤。在生活中，艾米也常常与他人分享，分享让艾米与同学友爱地相处，共同进步。

不懂得分享的人只能在以自我为中心的小圈子里自以为"幸福"地度过每一天。人若不与他人分享，便无法开阔心胸，而心胸狭隘，人就不会有真正的快乐。分享，就像一枚"催化剂"，有了它，便可以催生出更多的幸福与快乐。

不放纵情绪，包容不完美

如何看待一件事情，取决于我们的心，对于生活中的很多事情，我们都可以试着不在意，忍人所不能忍，容人所不能容，主动退让，宽以待人，少计得失，这样做于人于己都是有利的。世界本就是不完美的，要有宽阔的胸怀，容得下与自己不一样的其他人，容得下各种各样的事物，容得下千奇百怪的思想，容得下来自各方面的好坏评价。能包容的人往往对人以礼相待，讲求以和为贵；能虚心听取别人的意见和批评，甚至能理智对待一些激烈的言辞，择其善者而从之；他们心态平和、宽容大度、淡定从容。

雅纯读书时，对老师非常不满，总是抗拒并排斥老师的要求与教导。

一天，院长找到她，问道："听说你对老师很不满，那你说说，你对她有哪些不满。"雅纯抓住机会，开始数落老师的不是，一说就是半个小时。院长并没有因为她的无礼而打断她的数落，还不时要求雅纯再举几个例子，直到雅纯再也想不起还有什么例子可以证明老师的过错时，院长说话了："你讲完了，现在换我讲了。"雅纯点点头。

院长说："你的个性黑白分明、嫉恶如仇。"

雅纯点点头说："院长，您说得真准，我正是这样的人！"

院长又说："你可知道，这世界是一半和一半的世界：天一半，地一半；男一半，女一半；善一半，恶一半；清净一半，污秽一半。但太可惜了，你拥有的是不完整的世界。"

雅纯听了之后，愣了会儿，问道："为什么我拥有的是不完整的世界呢？"

院长说："因为你过于追求完美，只能接受完美的一半，不能接受残缺的一半，只愿面对美好的一面，毫无圆满可言，因此你拥有的是不完整的世界。"

雅纯听完院长的一席话，问道："那我该怎么办呢？"

院长继续说道："学会包容不完美的一半，你就能拥有一个完整的世界了。"

人需要激情，需要冒险，而且需要保持激情和冒险精神。但是冒险和激情绝对不能是头脑发热的，而应该是理智的、清醒的，应该是建立在充分获得信息的客观分析的基础之上的。人一定要懂得，激情奔放的力量不加以控制，会过犹不及，会使人的心智失去平衡，而这正是人容易"摔跟头"的地方。因此，人需要做的最重要的事便是控制自己，控制冲动，就像驾驭烈马一样。

有些人做事很冲动。计划还未制订好，就开始行动了。等到做了一半，出现了许多意料之外的新情况，才发现有许多因素当初没考虑到，于是只好回过头来重新决策。这时，已做了不少无用功，浪费了大量的人力物力，事后后悔又有什么用呢？

人很容易受感情的支配。做人不能心浮气躁，做事要戒浮躁，讲求踏实、谦虚，遇事沉着、冷静，多分析多思考，然后再行动。不要"这山看着那山高"，这样的话干什么都干不长，最后会毫无所获。有效利用自己的激情，适度地进行自我控制，是成熟的表现。

那么，如何培养忍耐力，克服急躁情绪呢？很简单，就是确定你人生的目标，并专注于你的目标。具体可按下面几项指导原则去做：

1. 不要沉湎于会降低你的身体和精神效率的活动

比如说吸烟过多，科学研究证明，吸烟的害处远远不止于对呼吸系统的伤害。

饮酒过量也会降低你的忍耐力。饮酒过量会降低你清晰思考的能力，也会降低大脑发挥正常作用的能力，最终会导致体力和脑力的剧烈下降，而且会越来越严重。

当你的忍耐力、你的健康，乃至你的生活都失去常态的时候，不管这种失常是由饮酒、吸烟，或者是由其他一些原因造成的，你的大脑都不可能进行正常的思考和发挥正常的作用。你不妨尝试一下，看看在你觉得身体不适之时，你能否做出一个正确而及时的决策。

2. 培养体育锻炼的习惯有助于增强你的体质

对于一个成天忙于工作的人来说，进行体育运动，似乎是最合适不过的了。不管是什么类型的体育锻炼和运动项目，网球、排球、高尔夫球……只要你能持之以恒，都会增强你的体质，而且可以增强你的忍耐力。

3. 培养自得其乐的兴趣

4. 不要强迫自己过于疲惫，以你最佳的体力和智力状态生活和工作，这是保持热情、保持耐力的一种方法

自我调整是一个人对自身的心理与行为的主动掌握。在没有外部限制的情况下，克服困难，排除干扰，采取某种方式控制自己的行为，可保证目标的实现。具体表现为意识对自我的协调、组织、监督、校正、调节的作用，使自己的整个心理活动系统作为一个能动的主体与客观现实相互作用。

因为人能够自我调整，所以可以自我控制，也就是说，一个人必须在认知上形成明确的观念，认识到应该自己管住自己的理智。

因此，为了避免在情绪冲动时做出使自己后悔不已的事

情来，人应该采取一些积极有效的措施来控制自己冲动的情绪。如下建议可供参考：

1. 想一想再去做

爱冲动的人在行动前常常不假思索，很少考虑行动的后果，也没有权衡该行动的利弊。为了提高自己的自我控制能力，人应该学着在做事之前，根据自己以往的生活经验或他人的经验先想一想：这样做会有什么样的结果？对自己以及周围他人会产生哪些有利的和不利的影响？在此基础上，对自己的行为进行调控，采取适宜的行为方式。

2. 生气时努力转移自己的注意力

在遇到较强的情绪刺激时，应强迫自己冷静下来，迅速分析一下事情的前因后果，再采取表达情绪或消除冲动的"缓兵之计"，尽量使自己不陷入冲动鲁莽、简单轻率的被动局面。比如，当你被别人无聊地讽刺、嘲笑时，如果你顿显暴怒，反唇相讥，则很可能引起双方争执不下，怒火越烧越旺，却于事无补。此时如果你能提醒自己冷静一下，采取理智的对策，如用沉默为武器以示抗议，或只用寥寥数语正面表达自己受到的伤害，指责对方无聊，对方反而会感到尴尬。

使自己生气的事，一般都是因为触动了自己的尊严或切身利益，所以人很难一下子冷静下来。所以，当你察觉到自己的情绪非常激动，眼看控制不住时，可以及时采取暗示、转移注意力等方法自我放松，鼓励自己克制冲动。可采用言语暗示，如："不要做冲动的牺牲品"，"过一会儿再来应付这件事，没什么大不了的"等。或去做一些简单的事情，或去一个安静平和的环境，这些方法都很有效。人的情绪往往只需要几秒钟、几分钟就可以平息下来。但如果不良情绪不能及时转移，就会更加强烈。比如，忧愁者越是朝忧愁方面想，就越感到自己有许多值得忧虑的理由；发怒者越是想着发怒的事情，就越感到自己发怒完全应该。根据现代生理学的研究，人在遇到不满、恼怒、伤心的事情时，会将不愉快的信息传入大脑，逐渐形成神经系统的暂时性联系，形成一个优势中心，而且越想越固执，越想越严重；如果马上转移，想一些高兴的事，向大脑传送愉快的信息，争取建立愉快的兴奋中心，就会有效地抵御、避免不良情绪。

3. 学会从别人的角度考虑问题

自我控制是个体对自身心理与行为的主动掌握。通过自我控制，发展自身的适宜行为，避免不适宜行为的产生。因此，一个人的不自控行为常常会伴随着产生一些不良的后果，包括对自己和对他人的。冲动型性格的人由于自我中心化倾向较强，他们往往更多地是站在自己的角度，而不是他人的角度来考虑问题，只根据自己的意愿采取行动，很少考虑他人。为了克服这种弱点，人应该有意识地培养和提高自己的"移情"能力，提高自己对他人情绪情感的敏感性，学着站在他人角度，感受和理解自身行为对他人所造成的影响，有意识地控制和调整自己的行为，以提高自我控制的水平。

4. 在冷静下来后，思考有没有更好的解决方法

在遇到冲突、矛盾和不顺心的事情时，人不能一味逃避，还必须学会处理矛盾的方法。以下几个步骤可供参考：

首先，要明确冲突的主要原因是什么？双方分歧的关键

在哪里？然后，再想一想：解决问题的方式可能有哪些？哪些解决方式是冲突一方难以接受的？哪些解决方式是冲突双方都能接受的？最后，找出最佳的解决方式，并采取行动，在此过程中逐渐积累经验。

雨果说："世界上最宽阔的是海洋，比海洋更宽阔的是天空，比天空更宽阔的是人的胸怀。"对人来说，包容是一种以广袤的胸怀建立起来的智慧，一个人包容别人就能得到别人的尊重和帮助，也会因自己谦和的姿态避免成为别人攻击的目标，使得自己的工作、事业、生活更为顺利，更为圆满。

放弃享乐思想，学会自我约束

富兰克林在《穷理查智慧书》中写道："布匹应远离火种，青年应远离玩乐。""谁是英雄？战胜自己享乐欲望的人是英雄。"

"有所为，有所不为"是人成就大事业的基本前提。为了事业的成功，首先要努力战胜自己的享乐欲望。有些失败者往往是为享乐所害，他们宁愿安乐一时，也不愿"睁开眼"去做事。

这不是很奇怪吗？一个人为什么要为了享乐而抛弃一切呢？为什么宁愿享受一时的安乐，而不顾未来长久的做事呢？享乐的人让一个个千载难逢的良机与其失之交臂。他们贪图被窝中一时的安乐，不愿起早；嫌外面天气冷了一些，或是刮风下雨，不肯出门。于是一些难逢的机会就从这些地方悄悄地溜走了，不再回来。而他们自己也不会被灿烂的前途所吸引。他们唯一的目标就是怎样安宁，怎样省点气力。只顾享乐的念头，成为他们取得成功的最大敌人。当然，享乐之人其实也是"聪明"的，他们爱拣那些省力又舒服的事情去做，还认为谁都不喜欢吃苦受累，谁都不喜欢往困难的方向走去。

世上很多庸庸碌碌、地位卑微、薪水微薄的人，大半是畏难怕苦、不肯前进的人。他们宁愿留在最底的一级，自得其乐，也不肯花些气力，攀高几级往上走。虽然适当地享受生活是每个人都应享有的权利，但这并不是为所欲为地享乐和任意妄为，而是理智地生活。会生活的人，一定懂得怎样给自己安排一片不受干扰的属于自己的小天地。在这里，你可以想你所要想的，达到心灵的放松，而不是对自己不良习惯的纵容或者物质上的挥霍。

世界上有千千万万的人对享乐"上瘾"，"上瘾"这个词的含义，是指人不能自制，处于一种"身不由己的状态"。比如许多成年人吸烟，其中大多数据说已经"上瘾"。许多人放弃戒烟，就是因为不想抵抗吸烟的诱惑，不想放弃这种嗜好，所以错误地认为他们戒烟的努力等于白费。心理学家承认，戒烟或去除其他陋习时，会带来诸多不舒服的"症状"，使抗拒引诱变得更加困难；但这并不是办不到的，球王贝利戒烟的经历或许会对我们有所启迪。

世界球王、被人们称为"黑珍珠"的巴西足球运动员贝利，自幼酷爱足球运动，并很早就显示出他超人的天赋。有一次，小贝利参加了一场激烈的足球赛，累得喘不过气来。

休息时，贝利向小伙伴要了一支烟。他得意地吸起烟，嘴里吐出一缕缕淡淡的烟雾。小贝利有点儿陶醉了，刚才极度的疲劳似乎也烟消云散了。不料，这一切全被他的父亲看到了。

晚上，父亲坐在椅子上问贝利："你今天抽烟了？""抽了。"小贝利意识到自己做错了事，红着脸，低下头，准备接受父亲的训斥。

但是，父亲并没有发火。他从椅子上站起来，在屋里来来回回走了好半天，才平静地对贝利说："孩子，你踢球有几分天资，也许将来会有出息。可惜，你现在要抽烟了。抽烟，会损害身体，使你在比赛时发挥不出应有的水平。"

小贝利的头低得更低了。父亲语重心长地接着说："作为父亲，我有责任教育你向好的方向努力，也有责任制止你的不良行为。但是，是向好的方向努力，还是向坏的方向滑去，做决定的是你自己。我只想问问你：你是愿意抽烟呢？还是愿意做个有出息的运动员呢？孩子，你该懂事了，自己选择吧！"说着，父亲从口袋里掏出一把钞票，递给贝利，"如果你不愿意做个有出息的运动员，执意要抽烟的话，就用这点儿钱去买烟吧！"父亲说完便走了出去。

小贝利望着父亲远去的背影，仔细回味着父亲那深沉而又恳切的话语，不由地哭了。他哭得好难过，过了好一阵，才止住哭声。小贝利猛然醒悟了，他拿起桌上的钞票还给了父亲，坚定地说："爸爸，我再也不抽烟了，我一定要当个有出息的运动员。"

从此以后，贝利不但与烟无缘，还刻苦训练，球技飞速提高。他15岁加入桑托斯职业足球队，16岁进入巴西国家队，并为巴西队永久占有"雷米特杯"立下奇功。如今，贝利已功成名就，但他仍然不抽烟。

在生活中，为了使自己保持一种正确的生活态度，人需要让自己理智地生活，远离不良嗜好，给自己的灵魂找一个精神寄托。当然，享乐也是需要的，但不是消极的享乐，积极的享乐是一种养精蓄锐，是完全属于人灵魂深处的东西。

人不管做大事还是小事，最需要的都是精力。那些充斥着享乐思想的人，无论是狂饮滥赌，还是纵欲过度，或者贪图安逸、无所事事，他们的健康、智慧、判断力、自信心乃至创造力都将遭受很大的损害，他们不会有进步的希望。而没有奋斗的坚强意志和充沛的精力，人就不会有激情、创造力等有助于成功的法宝。

一般到了汛期，河水往往很充足，这时人们会在河里建水闸，把水蓄起来，因为一到旱季河水常会干涸。如果我们在汛期前预先建水闸，把水蓄起来，到了旱季就不怕闹旱荒了。做人也是如此。青年时期全身都是精力，正如春天的河水那样充足，我们应该赶快筑起意志的水闸来，不使宝贵的精力凭空漏去一点一滴；到了中年，要一张一弛，不浪费精力；而到了老年，要适当运用精力，让精力发挥更大的作用。

德国诗人歌德说："谁若游戏人生，他就一事无成。不能主宰自己，永远是一个奴隶。"要主宰自己，必须对自己有所约束，有所克制。为了实现目标，为了获得理想的生活，也许我们必须干一些自己不想干的事，放弃一些自己深深迷恋的事，这样我们就感到了一定的"约束"。但是，为了生活，为了目标，为了成功，我们不能试图摆脱一切"约束"，而是应该在"约束"的引导下，一步步沿着既定的目标，稳妥地前进。

我们每个人都在通过努力做使自己的生活更有意义的事，向着未来的目标奋进。但是，生活在现实的世界中，我们绝不应该选择仅使今天感到愉快的态度，而丝毫不顾及明天可能发生的后果。不论你现在如何享受目前的生活，深谋远虑总会有益于你的未来。那些一事无成的人，就是因为爱使用"我没有另外的选择，我不得不这样"这类借口，以至于造成他们如此局面。实际上，他们不愿付出短期"不自在"，于是换来了长期的、更大的没有报偿的后果。

取得成功的结果，取决于我们坚持用一贯紧张的、不间断的努力。也就是说，自我约束、专心致志，是通向成功的必经之路。人要具备自我约束的能力，不断地分析自己的行动可能带来的长期后果。

为了达到目标，计划中应该包括一把"成功量尺"，事业成功的人都强调，"丈量"是必要的。你只要想一想就懂了：没有丈量的方法，如何评判成功与否呢？

这种"丈量"其实就是对自己进行的自我评价。毫无疑问，个人事业的发展是阶段性的，在每一个不同的阶段，个人努力的方式、方法都会有所不同，取得的成绩、获得的进步也有大小、快慢之别。在这种情况下，人必须对自己的发展情况进行评价。比如说：我这一阶段事业发展的大致方向正确吗？这种方式是否适合我的事业？还有更好的吗？这一阶段的事业进展情况怎样，与前一阶段的发展情况比是减缓了、一致了、还是加快了？其原因何在？

通过对这一系列问题的反省和研讨，我们能够对个人事业的发展情况有一个全面、整体的了解。对这些成绩或问题的剖析，可以使我们获得有益的经验和改进的方法，从而使自己在发展个人事业的征程上走得更加坚定、正确。

"自我丈量"的巨大作用还在于对发展事业的自我督促上。比如说，你在这一个发展阶段上获得了成功的经验，取得了很大的进步，你就会在自我检讨中得出结论，受到启发，督促并警惕自己戒骄戒躁，发挥优势、长处，以取得更大的成绩。而如果你在这一阶段的发展情况不是很理想，那你就会吸取经验教训，总结失败的原因，思考解决的办法，督促并鞭策自己走好下一步。

一个名叫杰克的老板与4名助手经营着一家店铺，他凭着对每周收入情况的研究来评估店铺的整个经营成绩。有一时期，他决定改善与顾客的关系，但一时不知道怎么达到这个目标。

他说："当时觉得非常为难，如何才能测量工作人员的礼节态度是否进步了呢？"经过一番思考，杰克决定每个月抽样访问 20 名顾客，请他们对店内的服务质量做出等级评分。他发现："评分图表显示每个月的调查情况很有用，因为店内全体员工都非常看重这件事，不久，店铺月收入便提高了 21%。"

如果杰克没有自问："我如何测量成果，以便客观评价经营成效？"他就不可能有这样的结果。事业上的目标也要能够进行"丈量"。人们需要自己建立成功的标准并寻找途径监督自己的进步，否则就无法调整全局。

把目标限定在一段时间范围内去完成是非常有用的，有了起始日期和截止日期，人就有了压力，这往往足以使人约束自己，集中精力和心神，认认真真地去完成一件事。

大自然公平地创造了人类，从不对谁歧视。为了成为人生这场战斗中的获胜者，你必须努力锻炼你的意志、你的能力，积极去拓展你的才干，努力去拼搏，去奋斗；避免虚度年华，避免成为碌碌无为的平庸之辈。人必须有自我约束能力，保持头脑不受种种杂念的干扰，养成把对人生发展过程没有好处的东西全部阻挡在外的习惯。

具备"快乐的根"，把握平凡的幸福

也许你有不错的工作、稳定的收入、美满的家庭、健康的身体，下班后有人做饭，周末邀三五好友谈天说地，假期驾车全家旅行，偶尔还可以奢侈一下，享受高档生活……可是，你快乐吗?

如果问一个人最想从生命中获得什么，最常得到的答案是快乐。快乐不只是远离沮丧和不幸，更是一种欣喜的感觉，一种对生命的满足与喜悦。

有一个石头切割工人，总希望成为做其他的工作，所以一点都不快乐。有一天，他经过一个有钱的员外家，他想，这个员外在城里是多么受人敬重啊! 他很羡慕员外，并希望能够成为像他一样的人，这样他就不再是一个卑微的石头切割工了，而是走到哪里都受人尊敬的有钱人。

夜里他做了一个梦，有一个白胡子老头说要帮他实现愿望。早上起来，他竟然就真的变成了这个员外，拥有了以前想都想不到的权力和豪华生活，很多穷人也都非常羡慕他。然而有一天，一个官员经过这座城，车队浩浩荡荡，有许多的仆人和护卫。每个人都要向这个高官跪拜，高官是更有权力和更受崇敬的人。这个石头切割工人尽管现在已成了员外，却希望自己能跟这个高官一样，有众多的仆役和侍卫保护他的安全，而且比别人更有权力。于是他又不快乐了。

夜里他又做了一个梦，早上起来他已经变成了官员，成为全国最有权力的人，每个人在他面前都要鞠躬跪拜。可是这个官员也是全国最令人害怕和讨厌的人，这就是为什么他需要这么多侍卫和仆役的原因。而且，他发现坐在马车里非常闷热、不舒服，他抬头望着天空中的太阳说："多么伟大啊！真希望我就是太阳。"

他又如愿变成了太阳，悬挂于九天之上照耀大地。但是一片大乌云飘了过来，遮住了阳光。他又想："云真是太了不起了！真希望我能跟云一样。"结果他又变成了遮住阳光的云，不久，一阵风吹过来，把云吹走。"我真希望能跟风一样强大。"一觉醒来他又变成了风。强大的风可以把树整棵拔起，也可以摧毁整个村庄，可是它却怎么也吹不动大石头。石头屹立不摇，抵抗着风。"石头真是坚强，得像石头一样有力啊！"他想着。

最后，他变成了抵抗风的大石头。现在他终于满意了，他是世上最有力的东西了。可是他突然听到了一个声音：铿！铿！铿！斧头敲击着石头，把它劈开，一块一块地劈开。"还有什么比我更强大有力呢？"他想，低头一看，在石头旁边拿着斧头的正是一个石头切割工人！

正如故事里的石头切割工人一样，许多人终其一生都在寻找快乐，却从来没有找到，原因就在于他们找错了地方。贺瑞斯说："你跨越千山万水，只为寻求快乐，然而它却在每个人的身上……"

有个人总是感到闷闷不乐，他找到一尘禅师，询问有什么方法能使自己快乐起来。一尘禅师给他讲了一个故事：

一只大狗看到一只小狗老是转圈，咬它自己的尾巴，于是疑惑地问小狗："你为什么老是转圈，咬自己的尾巴呢?"

小狗回答道："你难道不知道? 人类说我们狗的幸福就在尾巴上，我正在找自己的幸福，所以要咬我的尾巴。"

大狗又问："你老是这样转着身子咬自己的尾巴，找得到幸福吗?"

小狗不解地问道："那你是怎么寻找你的幸福和快乐的? 有什么好的建议吗?"

大狗答道："我找幸福快乐是向前走，只要我向前走，我尾巴上的幸福快乐自然会跟随着我。"

也许，我们对于生活偶尔会感到些许的无奈，我们也会因为迷茫而彷徨，也会"质问"自己以前走的路是对还是错。人需要不时地检讨自己，但不能因此停下脚步。

做过的事、走过的路，谁也不能保证绝对正确，谁也不能回到过去更改曾经走错的路或做错的事。人非圣贤，孰能无过? 每个人都有犯错的时候，每个人都可能在十字路口选错方向，每个人都有自己的人生经历，但是走过的路是真实的，成长必然会付出代价。生命是短暂的，与其站在原地或不断回头，倒不如调整心态，踏实地走好下一步。所以，一直向前走，不要回头，感受生活中最平凡的美好，蓦然回首，你将会惊奇地发现，原来快乐竟是这样触手可得。

事实上，我们要知道，简单即深刻，平凡就是幸福。我们不能以自己的眼光去衡量别人的幸福。

20 世纪最具影响力的英国思想家罗素，在 20 年代初来到中国的四川。

当时正值夏天，四川的天气非常闷热。罗素和陪同他的几个人坐着那种两人抬的竹轿上峨眉山。山路非常陡峭险峻，几位轿夫累得大汗淋漓。作为思想家和文学家的罗素，面对此情此景，没有了心情观赏峨眉山的景观，而是思考起几位轿夫的心情来。他想，轿夫们一定痛恨他们几位坐轿的人，这样热的天气，还要自己抬着上山，甚至轿夫们或许正在思考，为什么自己是抬轿的人而不是坐轿的人？

罗素正思考着的时候，到了山腰的一个小平台，陪同的人让轿夫停下来休息。罗素下了竹轿，认真地观察轿夫的表情，很想去宽慰一下辛苦的轿夫们。

但是，他看到轿夫们坐在一起，拿出烟斗，有说有笑，讲着很开心的事情，丝毫没有怪怨天气和坐轿人的意思，也丝毫没有对自己的命运感到悲苦的意思。他们饶有趣味地给罗素讲自己家乡的笑话，还给这位大哲学家出了一道智力题："你能用11画，写出两个中国人的名字吗?"罗素承认不能。轿夫笑呵呵地说出答案："王一、王二。"他们在交谈中不时发出开心的笑声。罗素陡然心生一丝惭愧和自责，"我凭什么去宽慰他们，我凭什么认为他们不幸福?"

后来，罗素在他的作品中描述了这个故事。同时，他因为这个故事，获得了一个非常著名的人生观点：用自以为是的眼光看待别人的幸福是错误的。生活的意义不在于享受。游山玩水、顿顿大餐，可能会让人得到一时之乐，但绝非长久之计。所以对于我们来说，简单、平凡就是幸福，刻意追求奢华、财富只会让我们离幸福越来越远。

有一个年轻人想要得知"幸福"的秘诀，于是不惜跨越千山万水，横跨大沙漠，终于来到智慧老人居住的美丽城堡。年轻人见到老人，即刻道明来意。老人让年轻人拿起一个汤勺，盛两滴油，然后到城堡各处走动。他嘱咐年轻人绝不能漏掉一滴油，年轻人回来后，老人一看，果然一滴油都没有漏掉。但是，他问年轻人都看到了些什么，年轻人却说："光看油掉没掉了，什么景象都没有看到。"

老人叫年轻人再走一遍，这次留意城堡内的一草一木。年轻人回来后，对四处所见汇报得很详细，汤勺中的油却一滴不剩。智慧老人对年轻人说："真正的幸福在于你既可以看遍周围，也永远不能忘记你手上的两滴油。"

这是个很有人生哲理的例子。"两滴油"算不了什么，但是它代表的是家庭、朋友、亲情、国家、精神追求，等等。人来到这个世界上，既要保护"两滴油"，又要看看周围美丽的世界。

每一个人都曾扪心自问，"什么是幸福"，"什么样的生活才是幸福"。但很多人并不知道生活应该怎样去过，甚至有的人感叹，生活中的每一天都是一个流程，吃饭、工作、吃饭、睡觉……

幸福其实随处可见，只要人人都有一点爱，世界将会成为幸福的港湾，接纳着每一位远道而来的客人。所以，让我们敞开心扉，去感受幸福吧！学会去爱别人，你会发现原来你也是如此之深地被别人爱着。

中篇

修行

提升自我的人格魅力

人格魅力是什么？它是一个人综合素养的折射和高尚美德的体现。如果一个人有宽广博大的心胸、无畏的勇气和无私奉献的精神，胸中对万物充满怜悯心、爱心，那他就会被大家看作是有魅力的人。

一个人的修养是人格魅力的基础，其他一切吸引人的长处均来源于此。"修养"指的是一个人理论、知识、艺术、思想等方面的综合打分，通常也是一个人综合能力与素质的体现。如果说个人礼仪的形成和培养需要靠多方面的努力才能实现的话，那么个人修养的提高更多地只能靠我们自己。良好的修养最能体现一个人的品位与价值。

一位哲学家带着一群弟子去漫游世界，10 年间，他们游历了很多国家，拜访了很多学问高深的人。现在他们回来了，个个满腹经纶。

在进城之前，哲学家在郊外的一片草地上坐了下来，说："10年游历，你们都已是饱学之士，现在学业就要结束了，我们上最后一课吧！"

弟子们围着哲学家坐了下来。

哲学家问："现在我们坐在什么地方？"

弟子们答："现在我们坐在旷野里。"

哲学家又问："旷野里长着什么？"

弟子们说："旷野里长满杂草。"

哲学家说："对。旷野里长满杂草。现在我想知道的是如何除掉这些杂草。"

弟子们非常惊讶，他们都没有想到，一直在探讨人生奥妙的哲学家，最后一课问的竟是这么简单的一个问题。

一个弟子首先开口，说："老师，只要有铲子就够了。"哲学家点点头。

另一个弟子接着说："用火烧也是很好的一种办法。"哲学家微笑了一下，示意下一位。

第三个弟子说："撒上石灰就会除掉所有的杂草。"

接着是第四个弟子，他说："斩草除根，只要把根挖出来就行了。"

等弟子们都讲完了，哲学家站了起来，说："课就上到这里了，你们回去后，按照各自的方法去除一片杂草。一年后，再来这里相聚。"

一年后，他们都来了，不过原来相聚的地方已不再是杂草丛生，它变成了一片长满谷子的庄稼地。弟子们等待着哲学家的到来，可是哲学家始终没有来。

若干年后，哲学家去世了。弟子们在整理他的言论时，私自在最后补了一章：要想除掉旷野里的杂草，方法只有一种，那就是在上面种上庄稼。同样，要想让灵魂无纷扰，唯一的方法，就是用美德去占据它。

奥黛丽·赫本——奥斯卡影后，以其独特的人格魅力而被世人称为"人间天使"。身为好莱坞最著名的女星之一，她以高雅的气质和极具品位的穿着著称。1999 年，她被美国电影学会评为"百年来最伟大的女演员"第 3 名。

奥黛丽·赫本是国际影坛上难得一见的"瑰宝"：她的容貌清纯秀丽，很多摄影师喜欢为她拍照以捕捉那"无法比拟的美"。有"时装圣经"之称的时装杂志《VOGUE》2004年的时尚名人投票中，赫本以29%的票数荣登女性榜首。《VOGUE》杂志发言人表示："大家觉得奥黛丽·赫本高贵又有气质，她的美丽永恒不变！一讲到Style，人人都会立刻想起她！"

2004年6月，赫本被著名的时尚杂志《ELLE》评选为"有史以来世界最美丽女人"第1名，得票率为76%。"她是自然与美丽的化身，她皮肤细嫩，性情温和、活泼，她的微笑散发着独特的魅力和内在美。"《ELLE》杂志的主编罗西·格林如是说。2006年4月，英国《新女性》杂志对5000多名读者进行调查，评出"古今百大美女"，赫本再次荣登榜首。

晚年的赫本投身于慈善事业，是联合国儿童基金会亲善大使，1992年被授予"总统自由勋章"。作为亲善大使，她不时举办一些音乐会和募捐慰问活动，造访一些贫穷地区的儿童，足迹遍及亚非拉许多国家，这些都是她人格魅力的最好体现。

1992年底，赫本以重病之躯赴索马里看望因饥饿而面临死亡的儿童，她的爱心与人格犹如她的影片一样灿烂。她用自己的行动向我们证明了人格魅力的光彩，她给我们留下了这样一句名言："记住，你会发现你有两只手，一只用来帮助自己，另一只用来帮助别人。"

生活中的赫本也有着自己独特的处事风格：不盲从流行。

联合国儿童基金会为了纪念赫本所做的贡献，专门为她在纽约总部树立了一尊以她的名字命名的7英尺高的青铜雕像——"奥黛丽精神"，并于2002年5月举行了揭幕仪式。在赫本去世10周年，美国邮政总署发行了她的纪念邮票。

总结这位善良、美丽天使的一生其实很简单，虽然她是一位电影演员，但她对工作兢兢业业：拍片精挑细选、宁缺毋滥，做事刻苦认真。而且，她以自己毕生的精力为慈善事业努力工作，呼吁更多的人献出爱心，这样的人格魅力怎能不令世人为之倾倒呢？

既然人格魅力如此重要，那么我们在平时的生活之中就要学着培养自己的人格魅力，懂得自尊，懂得尊重他人。人格魅力的培养有多种方法，下面几种是心理学家总结出来的，或许会对我们有所启发。

1. 注意仪表形象，不张扬，谦逊有礼，让言谈举止表现出温文尔雅的优雅气质

平时在生活中要注意，不管在什么场合都以礼待人，举止尽量文雅。一个有人格魅力的人，首先是一个举止文明有风度、有气度的人。

2. 有高尚的思想和社会责任感，要有正确的价值观

一个人再有才，再有钱，如果没有高尚的品德，没有社会责任感，没有爱心，他也不会得到他人的尊重，更何谈人格魅力。

3. 有积极乐观的生活态度，坚定理想，保持奋斗的激情

很多人缺乏激情，很多人在生活中不够积极，还有很多人找不到自己的方向和理想，和这些人相处你怎么会愉快呢？所以如果你有自己的理想，你就要积极地去行动。因为

激情很容易感染人，也很容易让别人感受到你的人格魅力！

4. 多读书，掌握更多、更全面的知识

"书中自有黄金屋。"书是文化的组成部分，书是有德之君留给我们的宝贵财富。书籍自古以来就是人们修身养性的第一法宝，一个有人格魅力的人，应该是一个博览群书的人，同样，一个经常读书的人一定是一个明理的人。

除了在某一专业领域出众，掌握更多专业以外的知识，多读书更能获得人们的"意外的欣赏"——在跟你沟通过后，你表现出的知识超乎人们对你的认识的时候，人们会在惊讶、意外之余，对你更加欣赏，这就是你的人格魅力。

5. 做性格开朗、和蔼可亲的人，能接受别人的批评，拥有自嘲的勇气

有的时候，别人的批评和不满对我们来说并不一定是坏事，一个真正有魅力的人，一定是一个有气度的人，他能包容自己所有的缺点和不足，认识自我，并不断提升自我。

本杰明·富兰克林把自己作为社会名流的崇高声望归因于个人性格的正直诚实，而不是自己的才能或口才，他说：

"正直和诚实使我在人们心目中享有声望。我口才很差，根本谈不上雄辩，遣词造句还犹豫不决，很难说正确使用语言，不过我还是能清楚地表达自己的意思。"

　　一个人的人格魅力不是一时兴起，也不是说能提高就能提高的，它需要日积月累，也需要通过自己的脚踏实地一步步找到正确的发展道路，人格魅力就体现在点滴小事和举止言行之中。

人格魅力助你一路前行

　　人格魅力是当今社会很流行的赞扬之词。有这样一类人：他们有睿智的头脑，有敏锐的洞察力，有胆识，重义气。这样的人智商和情商都是一流的，他们知道怎样做事，更懂得怎样为人。你和这样的人相处时间长了，会对他们产生一种认同、信服和崇拜感，你和他们相处是不需要提防的，别人的小肚鸡肠他们能容忍，别人的虚情假意他们洞察入微，这样的人很值得他人信任！

　　人格魅力在一个人的人际关系中的影响力是很大的。一个人所处环境的好坏也会影响他的品质和素质的提高与改善，同时也影响他与其他人的关系。人，作为"万物之灵"，既是自然的人，又是社会的人。作为社会的人，人无论在什么样的社会形态里，都不是孤立的存在，离开社会、离开人与人之间的交往，个人将不能发展。所以，生活在社会中的人，要通过展现自己的个人魅力，增进与别人的沟通与理解，让自己在事业上不断前行，在生活中体会幸福。

人的社会交往也是一个认识自我的过程，人会在认识和改造主客观世界的过程中不断发展自己、完善自己。在社会生活中，人际关系常常表现为一种情感上的联系和心理上的相互吸引。无论是谁，在社会交往中建立起来的人际关系越好，他的朋友就越多，他就越能使自己得到温暖、信心和勇气。

在每天开始新的生活的时候，我们应该提醒自己努力去发现世间美好的事物，去努力奋斗，去关爱他人，去奉献社会，彰显自己的魅力，激励自己，也温暖别人，虽然这意味着付出，但在真心付出之后，我们一定会得到更加丰厚的精神回报。

有这样一个故事：

老师常告诉孩子们要为他人做些什么，并说这样才能成为最有魅力的人，可孩子们不明白这到底是什么意思。有一次，一个叫吉尔的男孩子问老师："我想为他人做些什么，但有什么可做的呢？"于是，老师把他带到一所疗养院。面对那些躺在床上、两眼直视天花板的患者们，吉尔说："我对老年医学一无所知，到这里来做什么？"

老师对吉尔说："你看见那边有位老太太吗？走过去向她问个好吧！"于是，吉尔坐下来和那位老太太谈了起来。吉尔惊讶地发现，她的学识是那样的渊博，心灵是那样的高尚。她对生活、对爱、对于痛苦和不幸谈起来滔滔不绝，她甚至还谈到怎样努力以平静的心情去迎接死亡的来临。从那以后，吉尔向那位老太太及疗养院的其他人伸出了友爱的手，他们之间不断发生着感人的事情。

一天，老师看见吉尔带着30多个老人从校园里走过——他们是去看足球赛的。老师非常激动，认为吉尔长大了，因为难道还有什么比这更令人激动的吗？

如果给人格魅力下一个定义的话，唯一能够概括其全部含义的就是爱。请加倍珍视自己的爱，用行动去表达自己的爱吧！看看你的周围、你的身旁，有没有一个孤独的人需要得到爱的温暖？有没有一个态度不好的人需要引导和鼓励？这些对你虽然不是惊天动地之举，可是，做与不做大不一样。

莫洛是美国纽约最著名的摩根银行的董事长兼总经理，年收入高达100万美元。而他最初也不过是在一个小法庭做书记员而已。后来他的事业得到如此惊人的发展，靠的正是他自己的人格魅力。

范登里普出任联邦纽约市银行行长之时，为自己挑选行政助理，首先便是以人格高尚为挑选的重要标准，在他的印象里面，一个人的人格比一个人的学历更重要。

杰弗德，刚开始仅是一个地位卑微的会计，后来步步高升，升任美国电报电话公司总经理，他的传奇经历让很多青年人羡慕不已。他常对人说，他认为"人格"是事业成功的最重要的因素之一。他说："没有人能准确地说出'人格'是什么，但一个人如果没有健全的特性，便是没有人格。人格在一切事业中都极其重要，这是毋庸讳言的。"

一个与成功有缘的人必定是一个人格高尚的人。可见，加强自身修养，培养自己的高尚人格是多么重要。

一个人在生活和事业上，拥有了健全的人格和高尚的品质，诸如善良、爱心、勇气、热情、信心等，并且具有乐于助人、甘于奉献、吃苦耐劳等美德，就能获得人们的喜爱和合作。而只有获得了人们的喜爱和合作，才能使自己的事业获得长足的发展和进步。这二者之间的关系是相辅相成的。所以，真正的成功人士，常把修炼自己的人格魅力作为重要的事。他们的人格魅力就像引人注目的向心力，更像是无限的磁场，会使聚集在他身边的人越来越多，他的事业在大家的帮扶下也会蒸蒸日上。

一位成功人士曾经说过："有些人生来就有与人交往的天赋，他们无论对人对己，处世待人，举手投足与言谈行为都很自然得体，毫不费力便能获得他人的注意和喜爱。可有些人便没有这种天赋，他们必须加倍努力，才能获得他人的注意和喜爱。但不论是天生的还是后天努力的，他们的结果无非是博得他人的善意，而获得善意的种种途径和方法，便是'人格'的发展过程。"这段话充分说明，人格的发展比个人知识的储备更有益于个人的发展。

一位很成功的房地产商山姆拥有三幢办公大楼，一般的房地产商人都会在圣诞节即将来临时，送一些礼物给他们的房客，通常是五分之一或五分之二加仑的酒类。山姆却有一种与众不同的做法。他认为每一位房客都是有不同身份、不同背景的人物。因此，他总会不时地送上一些极不寻常的礼物，这些礼物花费不多，却颇具功效。

有人曾为此向同姆请教："山姆！你为什么总时不时送礼物给房客呢？"山姆不假思索地回答说："这些房客的确是本镇最忠实的房客了。他们一旦租了我的办公室，就舍不得退租，我的办公室永远也不会有空下来的时候。我的租金要比别人高出一些，然而办公室还是一直供不应求，一切只为了我很喜欢他们的缘故。"

山姆平时就乐善好施，他经常做让很多人看起来觉得"傻"的事，但他并不后悔。他扶危济困，慷慨奉献，自己往往也因此而受益匪浅。这也是他之所以能获得成功的关键因素之一。

可见，一个人的人格魅力会直接影响他今后在人生路上能否如愿实现自己想要的目标。拥有人格魅力的人往往能够与大家和谐相处，自己的生活、工作也会顺心愉快，层次也会不断提升。生活本身不是一个价值目标，而是人走向目标的过程。人生目标的实现要靠一步一步地走，如果每一步都以高尚的信仰为原则，把脚步迈得扎实而有意义，成功便指日可待。

小胜靠智，大胜靠德

培根有句名言："成功与美德是衡量人生事业的两把尺子，同时具备这两者的人，是幸福的。"心理学家曾对500余人进行测试，结果发现，居前几位的优良品质是诚信、正直、坦率、忠诚等等；不良品质主要是不守信用、欺骗、奸诈等。

诚实、正直和仁慈，这些品质并非与每个人的生命息息相关，却是构成一个人品格的最重要方面。正如一位古人所说的："即使缺衣少食，品格也先天地忠实于自己的德行。"具有好品质的人，一旦和坚定的目标融为一体，那么他的力量就可以惊天动地、势不可挡。

每个人都应该把拥有好的品德作为人生的最高目标之一。无论你在任何时候、任何情况下，和什么人在一起，都应忠于自己、言行一致、坚守自己的信仰及价值观。你如果不正直，最终将失去一切。因为别人无法相信你，不愿和你一起工作，或跟你进行交易。如果人人都不愿意和你共事，你的事业将会失败——任何事业的结果都将一样。

林肯说得好："正直并不是为了做该做的事而有的态度，正直是使人快速成功的有效方法。"一个正直的人会在适当的时机做该做的事，即使没有人看到或知道。

"做一个正直的人"应该是每个人首先要实现的目标。正直的人专注于自己心的诚实，而不是自己做了什么。因为，自己是什么样的人，将决定自己做什么样的事，而不是根据自己做了什么样的事，来判定自己是什么样的人。

在职场中，同事之间相互信任，是成功合作的前提。比如，刚被提拔的领导，在工作的初始阶段都会碰到这样的情况：下属对自己存有一种本能的心理戒备和防卫。这是由于陌生感而产生的心理"禁区"，必须尽快设法予以消除。否则的话，会影响自己与下属的关系。而消除这个禁区的方法，就是坦诚相待。

不管你是否与别人存在着竞争关系，你都一定要做到坦诚陈述己见、以诚待人。竞争时是对手，各自忠诚于自己的团队，较量时不以胜败论输赢，其他场合仍然是朋友，这是应该大力提倡的优良品质。美国著名管理专家杰克·韦尔奇说："在现代社会，竞争是必然的，但不能因为竞争就去摧毁一切良好的人际关系。相反，现代职场更需要这张王牌——美德。"

有一名推销员刚工作时按照经理的吩咐对顾客介绍产品的优点，但不久，他厌倦了这种工作方式。一天，当有顾客光临的时候，他在介绍产品的优点的同时，也开始介绍产品的缺点，顾客听完后，没说什么就走了。经理非常生气，决定解雇他。

正当推销员带着行李要走出门口的时候，刚刚的那位顾客又回来了，他身后还带了一些人，这些人都准备买他的东西——这些人是冲着推销员来的，因为他们认为这个推销员是个诚实的人。

一个人能在所有时间里欺骗一个人，也能在同一时间欺骗所有的人，但他不能在所有的时间里欺骗所有的人。小胜靠智，大胜靠德。

可见，正直几乎可以作为德行的根本，是人际交往中如金子一般的品质。正直的人对待朋友是坦率的，对待对手是诚实的，对待事情是公正的。古往今来，那些为人津津乐道的故事，无不体现了主人公"德"的光辉。

北魏的崔浩和中书侍郎高允两人曾遭遇过生死考验。作为史官，他们奉命撰写北魏的国史——《国书》。《国书》写好以后，就被镌刻在首都平城南郊十字路口的石碑上。崔浩和高允两人依据实录作史的精神，对北魏早期的历史多秉笔直书，有些史实在后人看来是很不堪的。很多鲜卑贵族看了国史之后，非常不满，就向北魏太武帝拓跋焘进谗言，说史官不管好坏都写出来了，这不是影响贵族形象么？

拓跋焘听后很是气愤，就下令逮捕了崔浩，还要逮捕高允。太武帝的儿子，就是当时的太子拓跋晃，曾经跟高允念过书，他知道这件事情以后，想保护自己的老师，就把高允请到东宫住了一夜。第二天早上，太子和高允一起进宫朝

见。二人来到宫门前，太子对高允说："我们进去见皇上，我自会引导你怎么做。一旦皇上问什么话，你只管按照我的话去说。"高允问为何如此安排，太子也不回答，只说进去便知。

太子应召先进去了，例行礼节后，便跟他父亲说："高允做事一向小心谨慎，而且地位卑贱，《国书》中的一切都是崔浩写的，与高允无关，我请求您赦免高允的死罪。"拓跋焘召见高允，问："《国书》果真都是崔浩一个人写的吗？"这个时候，高允明白发生了什么事，但他是这样回答的："《太祖纪》由前著作郎邓渊撰写，《先帝纪》和《今纪》是我和崔浩两人共同撰写的。不过，崔浩兼职很多，他只不过领衔总裁而已，至于具体的著述工作，我写得要比崔浩多得多。"拓跋焘一听，大怒，说："原来你写的比崔浩还多，你的罪行比崔浩还大，怎么可能让你活！"太子慌了，赶紧对他的父亲说："您的盛怒把高允吓坏了，他只是一介小臣，现在说话都语无伦次了。我以前问过他这件事，都说是崔浩一人写的，真的与他无关。"

拓跋焘听罢，转向高允问道："真的像太子说的那样吗？"高允不慌不忙，回答说："我的罪过确实非常大，应该灭族，但我不敢说虚妄的话来骗您。太子因为我长期给他讲书而哀怜我，想要救我一条命。其实，他没有问过我，我也没有对他说过这些话。我不敢瞎说。"显然，为了维护史实真相，高允连命都不要了。

太子很是担心，以为高允这次必死无疑了。不料，拓跋焘回过头去对太子说："这就是正直啊！这在人情上很难做到，而高允却做得到！马上就要死了，却不改变他说的话，这就是诚实。作为臣子，不欺骗皇帝，这就是忠贞。应该赦免他的罪过，并且褒扬他。"于是，拓跋焘不但赦免了高允，还给了他很多奖赏。

高允宁死不说假话，为后来的史官树立了良好的榜样。高允的勇气从何而来？它来自于对内心的忠诚，对历史真相的执着守护。诚信，有时候是需要胆量的。面对生命的威胁，高允没有选择撒谎来逃避责任，而是恪守诚信的原则。正是这种精神获得了太子的支持，也获得了皇帝的赦免。

今天的社会竞争日益激烈，人们的生活压力加大，交际活动增多，从某种意义上说，"诚信"是现代交际之本。只有把"诚信"作为现代交际的准则，才能不断提升我们的交际质量。诚信待人，我们才能在人际交往中游刃有余。

有一位面包师做的面包香甜可口，深受大家喜爱。面包师一直从他的邻居——一个农民那儿购买黄油。突然有一天，他觉得本应是3英磅重的黄油好像不够分量。于是，他开始定期称一称黄油，发现每回分量都不足。他非常生气，决定要好好地惩治一下农民，就告到了法官那里。

"你没有天平吗？"法官问农民。

"有啊，法官先生。"农民回答道。

"砝码准吗？"

"用不着砝码，法官先生。"

"那你怎么称黄油呢？"

"这好办，"农民回答说，"在他买我黄油的日子里，我也在买他同样分量的面包，这些面包就是称黄油的砝码。如果砝码不准的话，我想不应该是我的错。"

于是，农民被判无罪，而面包师不但没有得到赔偿，反而因为缺斤短两遭到人们鄙视，生意日渐冷清。

　　诚信是人际交往的基本要求。小而论之，"人无信不立"，人与人之间最初的交流和沟通，是建立在"信"其所言的基础之上的。很难想象，一个说话从来不算数的人如何能同他周围的人有效交流和沟通，更不用说从事经济、政治这样需要诚信的"大事"了。

素质修养的背后见真功

品德，是人生的桂冠和荣耀，是一个人最高贵的荣誉，是人的地位和身份的基石，是人生的最重要的财富。它比财富更具威力，它使所有的荣誉得到保障。一个人的品德比其他任何东西都更显著地影响别人对自己的信任和尊敬。要想成为一个真正的成功者，必须摆脱"投机"的心理，注重自己的品德培养和素质修养。

在当今社会，有知识其实并不等于有文化，有智商并不等于有智慧，有文凭也并不一定代表有水平，有学历更不等同于有实力。我们评价一个人，主要是看他是否有素质、有修养、有品德。

我们所说的"素质"指的是一个人平时行事之中所表现出来的个人心理素质和文化素质。个人素质是以先天禀赋为基础，在后天环境的影响下形成并发展起来的相对稳定的身心组织机构及质量水平。

"修养"一词原意指的是一个人修身养性、反省自新、陶冶品行和涵养道德。现代心理学赋予了"修养"新的含义：在自我行事之中不断进行自我教育、自我改造。这种教育和改造离不开社会实践，离不开在实践中个人的主观努力，从广义上看是指人们在政治、道德、学术以至技艺等方面进行的勤奋学习和涵养锻炼的功夫，以及经过长期努力获得的一种能力或思想品质；从狭义上看，通常是指思想品德修养。

曾经发生过这么一件事情：

中午的时候，广场上很热闹，很多人在那里，他们之中有放风筝的、溜冰的、照相的、旅游的，几个农民工朋友为了修建塔西边的公园，要赶去上班。在农民工朋友的后边有一家三口正在游玩，孩子踩着旱冰鞋，滑着滑着不小心撞到了前面的农民工。农民工没事，孩子却不小心摔倒了，好心的农民工吓坏了，赶紧去扶这个孩子。孩子微笑着对农民工说："谢谢你，没什么！"这时孩子的父亲却说话了："放开你的脏手，谁要你扶了？"然后赶紧去问他的孩子："没事吧？"还对农民工生气地说："今天算你走运！"

当时广场上很多人在看着，包括一些外宾，这个时候他们会怎么想呢？广场另一边还有城里的一个老人在给农村来城里打工的朋友说着自己做城里人的优越性，城里人的素质如何比农村人高，一副洋洋得意的表情。可是刚刚发生的情景，又怎么能证明人的修养高低是以物质生活的标准来衡量的呢？

俗话说："人之成才，重在素质，素质形成，重在修养。"有位名人也曾经说过："高素质的人，总是位置在选择他，没有修养的人总是在东奔西跑找位置。为什么会这样？不是位置决定素质，而是素质决定位置。"一个人要想成就事业，不怕没位置，就怕没素质。修养对一个人的成长至关重要。

两个年纪差不多的年轻人，在大约同一个时间来到了同一家公司工作，他们之间最大的差别就是学历上的不同。A

是专科生，B是本科生，他们的专业都是国际贸易。两人来到了同一个部门，开始的时候工资待遇上明显不同，专科生比本科生在底薪上少了1000块钱。这是公司早就定好的规定，先根据学历发工资，实习期过后会根据个人的表现确定二人最后的工资。

转眼间三个月的实习期就过去了。A虽然是专科毕业，但是他的素质和修养赢得了大家的好感，他不管是在为人处世还是工作业绩上都非常出色。比如：他看到地上有一张废纸就会不声不响地把它捡起来放到垃圾箱里面去；公司里很多人抽完烟喜欢乱扔烟头，但是A每次都会把烟头掐灭，然后放到烟灰缸里，假如身边没有烟灰缸，他会把烟头扔进最近的垃圾桶里面……除了这些，他平时上班不迟到，不早退，每天全力以赴地工作，微笑着对待同事。

B虽然工作能力上不错，但是他的个人素质和修养和A比起来，却相差很远。他时常不记得下班时随手关灯，打扰别人也似乎从未表示过歉意。在三个月试用期结束之后，他们的最后工资已经完全相同了。而一年以后，两个人之间的差别就不在于 1000 块钱那么简单，A 已经晋升为部门主管，而 B 还是待在原位置上。

虽然有人说，现在的就业形势是找工作靠学历，但是事实证明，在工作中升迁涨薪靠的是个人素质的高低。个人素质不是马上就能表现出来的，它是不断积累并且通过平时的一言一行体现出来的，需要通过很多小事慢慢体现，一个人素质的高低直接关系到个人成长能否达到自己预期的水平。在这个世界上没有低贱的职业，只有低贱的人品，真正意义上的"铁饭碗"不是在一个地方吃一辈子饭，而是一个人一辈子到哪里都能有饭吃。如今的社会早已经不再是唯学历是举，而是选择那些素质和综合水平都高的人。个人素质的高低是一个人整体人格的表现。

每个人出生时都是一张白纸，在成长过程中会遇到很多人，也会经历很多事，并且不断学习。学习知识很大一部分时间是在学校，学习做人就要靠社会这个大课堂。你的一言一行都体现着你的素质，同时也代表着你在社会这所"学校"里面是否真的能够"毕业"。

中华民族是一个十分讲究修身养性、崇尚道德的民族。五千年来，不管世事怎样变化，诚实、勤俭、忠义、谦让、孝顺始终是亘古不衰的美德，各朝各代的先贤更是视之为传家宝。人的"小事业"的成功可能借助机遇，"中事业"的成功大部分借助能力，而"大事业"的成功完全借助品行和操守，也就是素质和修养。所以成功的人，往往都是德行高尚、修养一流的人。

有修养的人，应该知深浅、明尊卑、懂高低、识轻重、讲规矩、守道义。有修养的人，常常不以术而以德，不以谋而以道，不以权而以礼。有修养的人，就算只有自己一个人时，也会超脱自然，管束好自己的心；在与他人相处的时候，则表现为他人着想，与人为善，淡然从容。修养是文化、智慧、善良和知识所综合表现出来的一种美德，是人生的一种内在力量。

为什么有些人在说话、举手投足，甚至微笑或者问候时都会给人一种很美的感觉，而有些人则恰恰相反？这关系到一个人的修养问题。我国古代就有"修身、齐家、治国、平天下"的说法，因此，要提升自己的修养，就必须从塑造自身的形象开始。

从内心深处，我们每一个人都很欣赏这样的美：一个有修养的人，并不一定外表长得很好看，也并不一定非常富有，或者才华出众。但是，即使不是那么漂亮，不是那么帅气，他也容易在众人中脱颖而出，这就是个人修养的魅力。既然修养如此重要，那么，如何提高自己的品德魅力呢？

首先，我们应该反省自己的言行，"改言"、"改性"、"改心"。人与人之间的沟通最基本的手段就是语言，如果我们言语不得当，就很难赢得别人对自己的好感。所以要提高自己的品德，首先就要从改良自己的说话技巧开始。而一个人如果性格暴躁，行为上有恶习，那么就要改正脾气和性格。内心深处假如有嫉妒、愚痴、傲慢的思想，就更要在生活中注意多加改变。

其次，我们在生活中应该学会"受教"、"受苦"、"受气"。在人生的道路上，有的人为何能不断进步，有的人却不进反退呢？原因在很大程度上就是有的人不能接受自己身边的新事物、新思想，不能接受自己的不足。所以我们在加深修养的过程中要学会"受教"。所谓"受教"，就是把知识吸收到自己心中，然后把它消化成为自己的思想。除了"受教"，还要"受气"，一个人如果只能接受别人的赞美，是无法永远给自己增加力量的，还应该学会接受别人的批评、指导，乃至伤害，这样才会得到进步。而做到这一点，需要我们做到宽容。宽容能够直接反映一个人的人格修养。我们如果对待任何人、任何事，都怀有一颗宽容的心，人生会省去许多烦恼。

任何事情都是相辅相成的。一个人的行为会慢慢成为一种习惯，习惯会形成一个人的品德，而品德会决定修养，所以一个人的素质主要体现在个人修养上，而修养则会通过生活中的小细节具体体现。

让我们从现在开始，从自己的一言一行开始，从身边的小事做起，从生活细微处着手，学会识大体、拘小节，努力提高个人素质，夯实自己的美德基础，力争使自己从优秀走向卓越。

中篇 修行

消除自卑感，永远微笑着对自己

人们常说："自信是成功的保障。"的确，只有自己相信自己，相信自己一定会成功，大多数问题才可以迎刃而解，你的对手也才会不战自退。

艾西拿到哈佛大学的录取通知书时，谁都不会想到这个学习成绩一般的孩子也能有今天。要知道，艾西虽然聪明活泼，可他的学习成绩从未名列前茅过。每一次考试他都没能得到好名次，于是艾西灰了心，也不想再跟那些同学们拼得"你死我活"的了。

艾西的一位好朋友看到他在学习中毫无斗志的模样，就问他："为什么没信心考好呀？"

他摸摸头，不好意思地说："我脑瓜子不灵呗！"他低下了头，小声嘀咕着："反正也考不好，费那劲干什么？"

他的好朋友听了不赞同，顿了一下，对艾西意味深长地说："不是这样的，你看，咱们班不是有很多努力学习、取得好成绩的同学吗？"接着，好朋友一个个地说出名儿来，艾西捂着耳朵不想听。好朋友扒开艾西的手，像老师一般，对艾西说："你呀，那么聪明，只要你肯努力学习，有信心，就一定能行的，我们一起加油，一起比赛，好吗？"

　　艾西还是没信心，还是低着个阴沉沉的脸，往日的笑容烟消云散，他傻笑了一下，把头扭向朋友那边，歉意地说："谢谢你的好意，可是，我真的很笨，肯定考不好的，你别费劲了！"

　　"那为什么别人就能考好呢？"朋友急了，大声反驳。

　　艾西听了，思考起来："对呀，为什么别人就能考好，我就不能呢？"

　　朋友告诉艾西："是因为你对自己没信心！如果你努力，肯定能行的，我支持你，加油！"

　　这一次，艾西笑了，使劲地点了点头。

　　接下来的日子里，艾西发奋地学习，在下一次考试中，他终于取得了好成绩。拿着试卷的他，一个劲地对朋友说"谢谢"。

试想一下，假如艾西没有在朋友的帮助下建立起自信，那么他怎能有学业上的进步？他还能战胜其他的竞争对手吗？答案是否定的。可见，自信对人来说是多么重要。只要你够自信，你就能在竞争对手面前形成一股威慑力，在心理上就战胜对方了。

在人才济济的社会中，虽然你很平凡，但你并不渺小。现实虽然很残酷，但只要你有信心与斗志，纵然要跋涉千山万水，踏尽坎坷旅途，你也一样能以自信的态度去争取所有的一切；纵然前面是暴风骤雨，你也会在所不辞，百折不挠地去力争上游；纵然竞争对手再强大，你也能够让对方感到畏惧而退缩。

自信不仅能改变周围的环境，还能改变自己。人的自信并不是天生的，也不是任何人都具备的。很多人的自信心很低，特别在品尝到了一些困难、挫折后就自惭形秽起来，甚至于自我贬低，最终走向了失败的人生。

张华是一个 22 岁的大学肄业生，从事软件开发工作，他单独住在一间改造过的阁楼里，离工作地点不算很远。过去的 14 个月里，张华过得很不顺心。离开大学之前，张华经历了一系列的痛苦——学业失败、失恋，并且经常遭到宿舍其他同学的欺负。最近，他还因为酗酒，在监狱里过了两次夜。

一天，张华收到了母亲寄来的一封信。在信中，母亲虽然询问了他的近况，但主要还是夸耀他哥哥最近所取得的成绩。接着，张华的部门主管因为一个错误严厉地批评了他，而错误的责任其实在于主管自己。还有，他邀请他仰慕的一位同事共进晚餐，但遭到了拒绝。

当晚上返回住处时，他感到特别沮丧。刚到大门口，又碰见了他的房东。那人长篇大论地大骂那些"讨厌的醉鬼"，并提醒他要按时缴纳这个月的房租。

张华感到更加自责和失落，一种绝望的感觉袭上心头。他觉得自己太失败了，他开始琢磨又一次逃离，离开此地，再找个工作。

中篇 修行

不自信的张华是可悲的，他的生活没有半点亮色来点缀。假如张华足够自信，就不会有这样的悲剧。自卑只能产生自怜，自信方能赢得成功。一个人如果不自信，那么，他就会终日生活在别人的阴影里而看不到自己的闪光点，永远也不可能找到自信的力量，也永远不可能掌握自己的命运。因此，人要相信自己，找到自己的优势，承认自己的能力。要坚信，任何人都无法让你感到自惭形秽。

如果说你现在的求知是一粒种子，自信就是养料，它可以让你的知识生根发芽，并开出绚烂夺目的花朵。如果说你现在的生活正布满乌云，自信就是一缕阳光，能照亮你前进的方向，让你在逆境中奋力一搏、在困难中迎难而上。

下面的这则故事，讲的是台湾人赖东进在逆境中取得成功的经历：

赖东进出生在一个乞丐家庭，母亲有智障，父亲是盲人，家里有一个姐姐十个弟妹，共十四口人。他们一家人四处流浪，吃了上顿没下顿，白天沿街乞讨，晚上走到哪儿就在哪儿歇息，世人所能经历的苦难和屈辱，他们都经历了。在赖东进十来岁的时候，他的姐姐为了让他能上得起学，卖身做了妓女。赖东进与姐姐的感情素来很好，姐姐的"牺牲"让他悲痛难忍，他的内心里也燃起了改变现状的斗志。从此，赖东进再也不怨天尤人，他怀着对姐姐的感恩之心，一边以长子的身份照顾家人，一边与多舛的命运进行不懈的斗争。经过多年的努力，赖东进最终成为台湾地区一家美资企业的总经理。

艰难的处境，并没有吓倒赖东进，反而激发了他与现实斗争的决心。他不断接受命运的考验，姐姐无私的爱更加让他懂得了感恩。他对父母感恩，感谢他们赐予了生命，即使这个家庭的条件并不好；他对现实感恩，感谢它在自己人生的道路上放置了那么多的荆棘和沼泽，才让生命绽放出更加耀人的光彩。

人的生命应该如何度过呢？是在遭遇不幸时痛哭流涕，自怨自艾，牢骚满腹，还是不断奋斗，与命运抗争？答案很明显：生命虽然短暂，却并不代表它不能绽放出美丽。太阳花的生命也很短暂，但它依然不屈不挠，顶着炎热的太阳，用力开出最后的一抹红。

　　我们要相信：成功的人生需要尝试，逆境中更需要奋力拼搏，只有勇敢地去尝试接触每一个未知的事物，尝试接触每一个使自己心动的事物，在尝试中体验做事情的快乐，体验成长带给自己的艰辛，我们才能不断发现自己的才能，增长自己的知识，不断丰富自己的人生阅历，把握更多可能改变人生的机会。

人贵自立

一位学者遇见了一位著名的禅师，他向禅师提了一个问题："我自幼就勤奋好学，青年时代又四处遍求名师，而你既无家学渊源，又无名师指点，为什么我的学问就是不如你呢？我有那么多大来头的老师，为什么反倒不如你没有老师？"

禅师说："谁说我没有老师？恰恰相反，我有老师，我的任何一位老师的来头都比你的老师来头大。你以师为师，我以人为师，以天地为师，你的学问当然不如我了。"

人只有心诚志坚，对自己有坚定的信心，借契机学会思考，才能成功。如果只是一味地礼拜参佛，对身边的机会视而不见，该做的事情也不愿意主动做好，再有"天赐"，也难以成功。

一个信徒在屋檐下躲雨，看见一位禅师正撑伞走过，于是喊道："禅师，请您普度众生，带我一程吧。"

禅师说："我在雨中，你在檐下；檐下无雨，你不需要我度。"

信徒走出檐下，站在雨中，说道："现在我也在雨中，请您度我吧！"

禅师道："你我都在雨中，我不被雨淋，是因为有伞；你被雨淋，是因为没伞。所以不是我度你，而是伞度我，你要被度，不必找我，自找伞去！"

禅师不肯借伞，这是禅师要告诫信徒——人要"被度"不能指望别人，而应该靠自己。人贵自立，勿依赖他人，勿强求他人，无论亲疏。能让我们自立自强的其实只有我们自己。所以人人皆可"自度"。

求人不如求己，人生在世，路要自己走，事要自己做，万事不可只靠别人，如果想依靠祈祷来实现自己的心愿，只能是空想。所以，不脚踏实地地做实事，你只能是一事无成。

很多人都会感慨自己有太多的烦恼。其实一个人的烦恼往往来自于自己的内心，特别是对于一些很细微的事情过于敏感，或者对一些细枝末节过于计较，总觉得自己是正确的，而不愿意听从他人的劝告。这种敏感的执着正是他们不开心的原因。

一个小沙弥化缘时与一个农妇发生了争吵，互相撕扯起来，结果都把对方的脸给抓破了。其他和尚赶来，才把他们劝开，并把受伤的小沙弥送回寺院。老师父得知一切之后，并没有教训小沙弥，反而亲自带着小沙弥去给农妇送布匹赔礼道歉。这样一来，那个农妇也通情达理了，说这件事情都怪自己，不该和来化缘的小沙弥争吵并动手。

从农妇家回来的时候已经很晚了，很难看清道路，一个没注意，老师父在一块石头上绊倒了，小沙弥扶起师父后，狠狠地踢了那块石头一脚。老师父制止了小沙弥的行为，对他说："石头本来就在那里，它又没动，是我不小心踩上去的，不能怪它啊，我应该向它道歉才对，这次磕绊是我自找的。"

小沙弥愣了一会儿，终于领悟了，他歉疚地说："对不起，师父，今天是我错了，今后我一定注重个人修养，尽量尊重他人，感化他人。"

生活中的很多"磕绊挫折"，大多是由自身的各种因素造成的，与他人关系不大，所以，不能一碰到挫折就怨天尤人。很多人在面对困境和挫折的时候，要么喜欢归罪于运气不好；要么喜欢怪罪别人，说一切都是他人的错误。其实，当烦恼莫名地出现时，人不能只是一味地抱怨，还应该好好反思，看看自己哪里出了问题，自己的内心是否想多了，要去积极探寻问题的根源，找到解决的办法。不管成功还是失败，都取决于自己。

所以当我们遇到麻烦的时候，先问问自己：烦恼是什么？为什么会生烦恼？只能烦恼吗？转换环境不如转换心境。如此观察，烦恼会渐渐消失，心中也就越发明白，这是对待烦恼的最好办法。

换个角度看问题

　　著名漫画家蔡志忠对人生有着细致的体察："如果拿橘子比喻人生，一种是大而酸的，另一种是小而甜的。一些人拿到大的就会抱怨酸，拿到甜的就会抱怨小；而有些人拿到小的就会庆幸它是甜的，拿到酸的就会感谢它是大的。同一个事物从不同的角度看，会得到不同的结论。看事物要一分为二，有时你只看到了其中的一面，便下了结论，这往往有失偏颇。因此，换一个角度看问题，你会有别样的收获。"

　　有人做过这样一个实验：将一群蜜蜂放进一个瓶口敞开的瓶子里，将瓶底对准阳光，遗憾的是，没有一只蜜蜂能够飞出去。因为它们只想飞向有阳光的地方，却对敞开的黯淡的瓶口不理不睬，最终全部撞死在了瓶底。

　　英国谚语说："能随机应变的人是聪明人。"刻板地接受前人经验的人，常常会陷入惯性思维。

惯性思维更像是一个错误的开始。尽管发动机已经启动，你也确定了自己的目的地，并且正在向前行。但在惯性思维的引领下，你的步伐不会停下来，你不会观察四周，只顾前行，尘土被甩在身后，而在行进中如果受到他人责难，遇有诱惑，便不知如何是好，于是反复权衡，最终没有到达目的。

当你无法挑战自我，并且感觉到世界在变化，而自己却还在原地不动时，你就应该明白自己是陷于惯性思维、守旧不前了。当你陷于惯性思维中时，除了不必质疑让自己改变的能力外，你必须质疑一切，发现、承认和改正自己的某些思维定势。

1. 有改变惯性思维的目标

你可能会在不知不觉中形成惯性思维，直到很晚才发现，比如你的思考习惯、行为方式、处世方法。你必须养成习惯，经常回顾自己为一件事所做的努力，看看自己已经做了什么，以及将要做什么，并以此来确定你仍然在沿着正确的方向前进，而不是踏上习惯性思维的歧途。

2. 承认自己在进行惯性思维

这需要你有勇气承认自己曾经犯过的错误，通常人们不愿意这样做。想一想你最近一次对某个问题思考得殚精竭虑的状况吧。你是否回头看看并承认了这个事实？你是否停了下来，等待改天情况出现好转？或者你是不是在不好的创意产生后，另外想出一个好的办法，试图让付出的努力得到回报？你越是不承认规矩死板的害处，想阻止自己的损失、停止愚蠢做法的可能性就越小。事实就是这样，你所做的一切，不过是让你在惯性思维的"牛角尖"里钻得更深而已。

3. 从惯性思维中走出来

这一条是最难做到的。知道和承认问题并不等于能解决问题，要想跳出惯性思维的"泥潭"，首先要加强学习，不能思想懒惰，浅尝辄止。认识上的贫乏和思想上的懒惰是导致惯性思维的根源。那种满足于一知半解甚至不求甚解、浑浑噩噩的做法，最容易让错误的惯性思维乘虚而入。因此，必须从根本上提高认识，提高自己的判断力和鉴别力，不断从书本中、实践中学习，增强辨别能力。

要勇于创新，常于自省，不能固步自封，墨守成规。我们应该凡事多问问："为什么要这么做？""如果没有这一部分，那么，全局将会怎样？"

要学会"因地制宜"，以发展的观点看问题。要认识到，有的做法和经验在这个地方有效，到那个地方就不一定管用；有些做法昨天行得通，今天也许就没有用了。

在临安城外有一座远近闻名的古寺，老禅师精心传道，弟子如云。秋天到了，有几个弟子准备离开寺院，下山布道。临行前老禅师担心他们学禅思维封闭，布道拘于形式，于是出了两句偈语开导他们。老禅师说："秋雨绵绵二人行，为何天不淋一人。"弟子们听后面面相觑，不知作何解释。

一个弟子想了想说："可能有一个人穿着雨衣吧！"禅师听后摇了摇头，未置可否。另一个弟子迫不及待地说道："肯定是一边下雨，一边不下！"其余人听后觉得有些牵强，老禅师看了看他，也没有作声。大家又陷入了思索，老禅师看着他们，期待正确答案早点出现。片刻，第三个弟子满怀信心地说："你们都错了！其实道理很简单：一个走在细雨里，一个走在屋檐下。不就一个被淋，一个不被淋了吗？"众人听了觉得有些道理，他也颇有些洋洋自得，可是老禅师只是微笑着看看他，又望望众弟子，并没有点头。

过了一会儿，老禅师才对弟子们说："你们只知道'不淋一人'就是一个人不被淋雨，难道就不换个角度想一想，这'不淋一人'不就是两个人都在淋雨吗？"众弟子听后恍然大悟。

在日常生活中，那些曾经在实践中被证明有效的方法和思路，可能成为一种习惯，或称常规，而我们对许多事情的处理都是由这种思路来进行的，但这种按惯例行事的思路却不一定都能有效果。只有真正从惯性思维中走出来，才能豁然开朗，更有效地解决问题。

遇事要找准看待问题的角度，全面看待，切忌片面思考。这是快乐人生所需要的一种品质。世界上没有事事如意的人，每个人都会有得意之时，也会有失意之事。唯有保持积极的态度，才能使我们避免在大喜大悲中颠簸，才能让我们

的思想不为焦虑和忧愁所牵制。对待酸甜苦辣，泰然处之，坦然自若。换个角度看问题，全面认识事物，抱以乐观知足的心态，你定会收获意想不到的快乐！

战胜恐惧，别在彷徨中迷失自我

我们在一生中会经历很多恐惧的事情，比如，情场失意，经济拮据，夫妻不和等，它们让我们沮丧、伤心、痛苦、难受、害怕……即使是一些无关紧要的小事，譬如偶尔失眠、求人不成等，也会让人闷闷不乐。

在你的周围，你是否发现有些人常常沮丧，内心总是充满忧烦、羡慕和嫉妒，而有一些人都总是神采奕奕，面带笑容，时时给人讲鼓励的话语，他们似乎总能应付生活的挑战，而不会滑入沮丧的深渊？如果让你选择，你会比较喜欢和哪种人在一起？

人生来具有潜意识和意识。意识主导人的思考及抉择；而潜意识支配人的身体活动及感觉，它就像人的记忆库般活动着，是人创造力的来源。潜意识像电脑一般记录下人生活中的每一秒。如果存进一些不愉快的想法及意见，比如忧虑、恐惧、羡慕，那么当人按下按钮，输出的就是一份负面的"人格报表"。但是，如果源源不绝地输入一些对个人、对未来、对周围一切的正面想法，那么输出的自我图像也将是正面的。

很多人不曾拥有正面思考所必备的最起码的自信心。他们深层的潜意识里常是一个顽固的信息，即"在困难面前努力毫无价值，你改变不了命运安排好的最终结果，好事情不会在你身上出现"。在这种深层的潜意识中，他们给自己输入了"你不够好"的信息。

其实，在这个世界上，没有人能避开不幸与不快。世界上不存在所谓的"极乐天堂"，没人能从生活的苦恼中解脱出来，人们所能做的只是端正态度，妥当地去应付这些不愉快。人一旦发现自己心中潜藏着负面的信息，就得致力改变对自己的感觉，给自己正面的信息，这样才能增加成功的机会。

人的潜意识就像一块肥沃的土地，如果不在上面播下成功意识的良种，这块土地就会野草丛生，一片荒芜。一个人可以经由积极的心理暗示，自动地把成功的种子和创造性的思想灌输进入潜意识的大片沃土，也可以灌输消极的种子或破坏性的思想，而使潜意识这块肥沃的土地野草丛生。

成功学的创始人拿破仑·希尔有一句名言："一切的成就，一切的财富，都始于一个意念。这个意念就是心理上的积极自我暗示。"

许多有真才实学的人，终其一生却少有所成，其很大一部分原因就在于他们深深地被令人泄气的自我暗示所害。他们无论想做什么事，总是事先胡思乱想着可能招致的失败，他们总是想象着失败之后随之而来的羞辱，一直到完全丧失创新精神或创造力时为止。

有一次，一名意志消沉的经理前去寻求美国著名成功学家拿破仑·希尔的帮助，他因为合伙人的破产而变得一无所有。拿破仑·希尔让他站在一个厚窗帘的前面，并且告诉他："你将看到这世上唯一能使你重获信心并且克服困境的人。"接着他拉开了窗帘，出现了一面镜子。

经理看见了镜中的自己对着镜子里的人从头到脚打量了几分钟，用手摸摸自己长满胡须的脸孔，不禁陷入了沉思，过一会儿便向拿破仑·希尔道谢，然后离去。

几个月后，经理再度现身在拿破仑·希尔面前，但他已非当时意兴阑珊的失意者，而是从头到脚打扮一新，看起来精神焕发、信心十足。他告诉拿破仑·希尔："虽然那一天我离开你的办公室时还只是一个流浪汉，但我找到了自信。现在我找到了一份薪水不错的工作，我确信自己从前的成功肯定还会降临。"

如果你能够战胜自己内心的恐惧，并且深信自己一定能实现梦想，你就真的能够步入坦途。

人人都渴望成功，但是在奋斗的道路上不可能一帆风顺，多多少少会有一些坎坷和波折，面对坎坷，勇敢的人殚精竭虑、迎难而上、百折不挠，一直坚持下去；懦弱的人则退避三舍、避重就轻、怕苦畏难，不再坚持，选择放弃。而坚持者事业有成、人生辉煌；放弃者则一事无成、平庸无为。

诺贝尔在努力寻找硝化甘油爆炸的引爆物时，经历了许多失败，他的父亲和哥哥嘲笑他固执，但他不急躁、不灰心，耐心地分析失败的原因，经过锲而不舍的反复试验和细致分析，诺贝尔终于发现了用少量的一般火药引爆硝化甘油的方法。一年秋天，他开始试验雷酸汞引爆剂，失败了几百次。成功的那一天，"轰"的一声巨响，诺贝尔的实验室被送上了天，他自己也被炸得鲜血淋漓。以鲜血为代价，诺贝尔获得了成功，由此，他发明了雷管。

　　更可怕的事情发生在斯德哥尔摩里的诺贝尔住宅附近的实验室里，硝化甘油爆炸事故使做实验的 5 个人死于非命，诺贝尔当时不在实验室，得以幸免于难。这次事故使他极为悲痛，对他的毅力和理智都是一次严峻的考验。许多人开始对他的研究进行责难，连亲人也劝他放弃这危险的实验。但诺贝尔不愿半途而废，他决心完成对硝化甘油在爆破工程上实际应用的研究，使炸药能更好地为人类造福。在他的不懈努力下，硝化甘油终于得以实际应用，诺贝尔也因此取得了又一重大成就。

　　世界上没有什么事是办不成的，没有什么困难是克服不了的。诺贝尔历经千难万险仍坚持研究，终成一代科学伟人。试想，诺贝尔若在困难面前退缩了，他就不会研制出对人类生活产生巨大影响的安全炸药。可见，战胜了困难，自己的人生就会向前迈进一大步；若被困难吓倒了，退缩了，人将终生一事无成。

　　成功和失败都不是最终的结果，它们只是人生过程的一件事。这个世界上不会有一直成功的人，也不会有永远失败的人。一个人只要敢于挑战自我、超越自我，那么他就能成为自己所希望成为的人。人只有相信自己的价值，战胜内心深处对于未知的恐惧，充分认识自己的长处，才能保持奋发向上的劲头，一直走向成功。

　　如果你选择未来，那么你就有希望；如果你选择过去，那么你可能仍是"弃儿"。过去可以决定现在，但不能决定未来。你的目标是为未来所设定，你在为你的未来做出选择。过去不等于未来。过去你成功了，并不代表未来还会成功；过去失败了，也不代表未来就一定失败。过去的成功或是失败，只代表过去，未来是由现在决定的。

所以，你如果想要在学业、事业上有所成就，就必须持之以恒，不能半途而废。任何人在学业成功之前，都会遇到许多失败。如果你放弃了，你就放弃了成功的机会。如果你不能战胜自我，无论别人怎么帮助你，你还是无法进步。唯有战胜自我，才是你取得成功的最可靠的资本。

要克服沮丧自卑的性格弱点并不难，时常赞美自己的优点和长处，鼓励自己在人生道路上勇敢地奋斗，对未来充满信心和希望，你就会觉得身上有一股永不枯竭的热情和毅力，最终塑造出全新的自我形象。

现在你就可以着手制订一份消除沮丧"病毒"、抛开自卑情绪的"行动表"。

首先，要逐步减少人为安排的沮丧时间。学会以自我玩笑的形式给自己定出严格的"沮丧时间表"。例如，每天午后12点半是"自我沮丧"时间，对今天遇到的难题和困难而沮丧。以理智的态度把一天里该沮丧的情绪都推迟到下一个指定的"沮丧时间"，很快你就会发现，这样不过是无益地浪费时间。或者在遇到不开心的事情时，你可以用滑稽的口吻对朋友或熟人说："嗨，我今天好沮丧，真是不开心透了。"而朋友看到你若无其事的样子，会以为你是在打趣，你在朋友乐观的情绪感染下也会把说出的话当作滑稽的玩笑一笑置之。

其次，要时刻表现出自豪感。如果你是个自卑感强的人，不妨在任何时候都表现出自豪感来，刺激自己的兴奋点。要是你因为自卑而抬不起头、弯腰曲背的话，那么不妨想象有根绳子在拎着你的两个耳朵向上拉，让你自卑的心灵恢复本来的面目。而你昂首挺胸的姿态将告诉别人：我从头到脚都充满自信。这样，你会感到非常愉悦。

敢于迎接挑战，才有精彩人生

心理学研究表明，人类行为自身存在着趋吉避凶、自我保护的因子。因此，当问题出现时，有时候人们不是勇于担当、积极解决，而是避开问题、推卸责任，或事不关己、高高挂起，因为"采取行动也许有些风险"。但实际上，"什么都不做才是更大的风险"！

法国一家汽车制造公司的老板在对众多应聘者进行面试时，只问了同一个问题：以往的工作中你犯过多少次错误？在获悉大多数应聘者都是一贯正确时，他把这项工作交给了一个犯过多次错误的"倒霉蛋"，理由是——"我不要20年没有犯过错误的人。我需要的人才，尽管他犯过无数次错误，但只要每次都能及时吸取教训、立即改正就可以"。

在一生中肯定会有一些不如意的事情，关键是看你的心态如何，或许你曾因为自己的不优秀而自卑，或许你会因为自己的身体不好、成绩不好而觉得自己比不上别人。其实这些都是没有必要的，世界上人人都是平等的，没有谁比不上谁之说，重要的是能否赶走自己的负面思维，勇敢地迎接挑战。

爱迪生这位伟大的发明家在一生中，发明了许多东西，然而，让人们永远牢记的，还是电灯。电灯的出现，意味着人们又拥有了一轮太阳，人们的活动不再受黑夜的制约了。

早在 1821 年，英国的科学家戴维和法拉第就发明了一种叫电弧灯的电灯。这种电灯用炭棒做灯丝。它虽然能发出亮光，但是光线刺眼，耗电量大，寿命也不长，因此很不实用。

"电弧灯不实用，我一定要发明一种灯光柔和的电灯，让千家万户都用得上。"爱迪生暗下决心。于是，他开始试验作为灯丝的材料：用传统的炭条做灯丝，一通电灯丝就断了。用铂铬之类的金属做灯丝，通电后，亮了片刻就被烧断。用铂金丝做灯丝，效果也不理想。就这样，爱迪生试验了 1600 多种材料。一次次的试验，一次次的失败，很多专家都认为电灯的前途黯淡。英国一些著名专家甚至讥讽爱迪生的研究是"毫无意义的"。一些记者也报道："爱迪生的理想已成泡影。"

面对失败，面对有些人的冷嘲热讽，爱迪生没有退却。因为他是一个勇于接受挑战的人，他坚信自己一定能战胜困难。最后，爱迪生终于找到了最适合做灯丝的物质——竹子。他先取出一片竹子，装进玻璃泡，通上电后，这种竹丝灯泡竟连续不断地亮了1200个小时！此后他又发现了"钨"，终于发明出了实用的电灯。

爱迪生勇于接受挑战，并且锲而不舍地为之努力，终于有了电灯的问世。

有这样一句俗语：困难像弹簧，你弱它就强，你强它就弱。鲁迅的《纪念刘和珍君》中有这么一句话："真的勇士，敢于直面惨淡的人生。"同样，真的强者，要敢于直面生活中的各种挑战，这样才不会给自己的人生留下遗憾，要相信经过风雨的洗礼后，天空会出现绚丽的彩虹！

海伦·凯勒（1880—1968），是美国一位残障教育家。

中篇 修行

她在 19 个月大时因为一次高烧导致失明及失聪。后来凭借着她的导师波士顿柏金斯盲人学校老师安妮·沙利文的帮助，她学会了说话，并开始和其他人沟通。

1898 年，海伦·凯勒考入了哈佛大学附属女子学校，1900 年秋，又考进哈佛大学的雷地克里夫学院，这对于一个失明和失聪的人而言，可以说是令人难以置信。海伦·凯勒于 1904 年成功取得哈佛大学文学学士学位，而且成绩优异。而这么多年来沙利文老师一直留在海伦·凯勒身边，并将教科书与上课内容写在海伦·凯勒的手掌上，让凯勒能了解其内容，沙利文老师可以说是对海伦·凯勒不离不弃，因此海伦·凯勒一生都十分感激她。

从 1902 年 4 月开始，海伦·凯勒在沙利文老师的帮助下，开始在美国的一家杂志上连载她的自传《我的一生》（又译《我生活的故事》），该自传第二年结集出版后轰动了美国文坛。海伦·凯勒的作品还有：1908—1913 年著《我的天地》（又译作《我生活中的世界》）《石墙之歌》《冲出黑暗》。1929 年著《我的后半生》（也译作《中流——我以后的生活》)。1953 年美国上映海伦·凯勒生活和工作的纪录片《不可征服的人》。1955 年她又发表了《老师：安妮·沙利文》。

海伦·凯勒于 1924 年组建了海伦·凯勒基金会，并加入了美国盲人基金会，作为其全国和国际的关系顾问。其后她在国际红十字会的年会上发表演说，要求国际红十字会成为"协助失明人战胜黑暗的武士"。1946 年，海伦·凯勒担任美国全球盲人基金会的国际关系顾问，并开始周游世界，并游历了欧、亚、非、澳各大洲 35 个国家。她尽力争取在世界各地兴建盲人学校，并常去医院探望患者，与他们分享她的经历，以增强他们生存的意志。她同时亦为贫民及黑人争取权益，以及提倡世界和平。

1959 年，联合国在全球发起以她的名字命名的"海伦·凯勒运动"，以资助世界各地的聋盲儿童。1960 年，描写她成长经历的剧本《奇迹的创造者》获普利策奖，并被拍成电影。同年，美国海外盲人基金会在海伦 80 岁生日那天，宣布颁发"国际海伦·凯勒奖金"，以奖励那些为盲人公共事业做出杰出贡献的人。

　　1968 年 6 月 1 日，88 岁高龄的海伦·凯勒走完了她传奇般的一生。在她去世后，因为她曾敢于向命运挑战的精神和她坚强的意志、卓越的贡献，各国人民都开展了纪念她的活动。有人曾如此评价她："海伦·凯勒是人类的骄傲，是我们学习的榜样，相信众多的有疾病而聋、哑、盲的人都能在黑暗中找到光明。"

　　1971 年，国际红十字会的国际理事为了纪念海伦·凯勒的不屈不挠的精神，宣布将每年的 6 月 1 日定为"海伦·凯勒纪念日"。在这一日，世界各地的红十字均会举办与盲人相关的服务性活动。

　　一个身体健全的人能够踏进哈佛的校门，都是一件很有挑战性的事情，更何况身体有残疾的人呢？但是海伦·凯勒这位身患残疾的人不仅进入哈佛大学，还做出了那么多的卓越贡献，这种挑战精神是多么令人钦佩啊！

　　人生的精彩在于有苦有乐，有酸有甜。在荆棘丛生的人生路途中，我们会面对很多挑战，会路遇很多坎坷，而精彩的人生就在于勇于直面挑战。

柴火够了，水才会开

一位青年满怀烦恼地去找一位智者。他在大学毕业后，曾豪情万丈地为自己树立了许多目标，可是几年下来，依然一事无成。他找到智者时，智者正在河边小屋里读书。智者微笑着听完青年的倾诉，对他说："来，你先帮我烧壶开水！"

青年看见墙角放着一把极大的水壶，旁边是一个小火灶，可是没发现柴火，便出去找。他在外面拾了一些枯枝回来，装满一壶水，放在灶台上，在灶内放了一些柴火烧了起来，可是由于壶太大，那捆柴火烧尽了，水还没开。于是他跑出去继续找柴火，那壶水已经凉得差不多了。这回他学聪明了，没有急于点火，而是再次出去找了些柴火，由于柴火准备充足，水不一会儿就烧开了。

智者忽然问他："如果没有足够的柴火，你该怎样把水烧开？"

青年想了一会儿，摇摇头。

智者说："如果那样，就把水壶里的水倒掉一些。"

青年若有所思地点了点头。

智者接着说："你一开始踌躇满志，树立了太多的目标，就像这个大水壶装的水太多一样，而你又没有足够的柴火，所以不能把水烧开，要想把水烧开，你或者倒出一些水，或者先去准备柴火！"

青年顿时大悟。回去后，他把计划中所列的目标划掉了许多，只留下几个，同时利用业余时间学习各种专业知识。几年后，他保留的几个目标基本上都实现了。

我们总是想要做的太多，正因如此，反而不知道自己该从何做起了。踏踏实实地对待学习，我们才能认识到自己要做的事还有很多，还有很多东西值得去探索，还有很多不足有待去改进和提高，只有删繁就简，从最近的目标开始，才会一步步地走向成功，"万事挂怀"，只会半途而废。所以，我们要不断地为目标添加"柴火"，使努力不断"加温"，直至最终实现目标。

有一家外资企业招聘业务经理，有两个人去应聘，一个是工商管理专业的本科生，一个是地质专业的博士。两个人都顺利地通过了面试。大家想一想，如果你是公司老板，你会挑哪一个？我想很多人都会挑那个本科生，因为他年轻，专业又对口。但结果是那个地质学博士被聘用了。

大家也许会认为这个老板脑子有问题，或者说是想招个博士生进来"装点门面"。但那个老板却不这么认为，他说："这两个人面试时给我的印象都差不多，实际上，那个本科生给我的感觉还要好一点，但短时间内的这一点直觉上的差别不足以让我认定那个本科生更优秀。所以我只能通过其他途径来判断。我之所以选择那个博士生，是因为我认为在现行的教育制度下，一个人能通过层层考试读完博士，至少说明他有三点过人之处：

（1）他有着严密的逻辑思维能力。

任何一个成熟的学科，都有着极为严谨而庞大的逻辑体系，要想把地质学学通，通过各种考试、论文答辩，逻辑思维显然不同凡响。

（2）他能够有效地安排自己的时间。

要考到博士，需要读大量的书籍、背大量的材料、做大量的题、写大量的论文，一个办事拖沓、生活没有规律的人是不可能做到的。

（3）他有很好的自制力，态度踏实，能够排除多种干扰，办事情能够持之以恒。

而这三点，正是我们所需要的。至于专业知识，在实际工作中运用得并不多，一个人只要具备了这三点优势，学习工作中所要用的知识不会有任何困难。我当然不是说那个本科生就一定没有这样的能力，但我对他们都不了解，在这么短的时间内要做出决定，显然博士文凭给我的信息量更大，也更可靠。”

大家觉得这个老板的话有没有道理？实际上，这个事例已经作为信息经济学的经典案例写入教科书，成为一种被广泛接受的观点。所以，态度踏实，无论求学、做事，都会被更多的人认可与接受。

电影《风雨哈佛路》讲述了一位生长在纽约的女孩——莉斯经历各种艰辛和辛酸，最终凭借自己的努力，走进了最高学府哈佛大学的感人故事。

莉斯是一个金发女孩，童年在贫穷和饥饿中度过。她生长在一个不幸的家庭，母亲吸毒染上了艾滋病而精神崩溃，父亲酗酒最后进入了收容所，外公又不肯收留她，她只好流浪街头。不久，母亲去世了。母亲吸毒死去的那一天，只有棺木，连简单的葬礼仪式都没有。她渴求父母亲情，这人世间最基本的愿望也成了奢望；棺木就要被下葬，她静静躺在棺木上边，和她的母亲做最后的告别。

如果继续沉沦下去，她将会和母亲的结局一样悲惨，她决心开始全新的生活。父亲作为她上学的担保人从收容所出来。办理完担保手续出来的时候，父亲对她说："好孩子，要踏实学习，我不能成功了，但是你行的。"望着父亲远去的背影，这个弱小的女孩坚定了信心，从容地走进了学校的大门。她踏踏实实地学习每门课程，每天早起晚归，全身心地投入到学习中。从 17 岁到 19 岁，两年的时光，她学习掌握了高中四年的课程，每门学科的成绩都在 A 以上。最终她以优异的成绩顺利地考入了哈佛大学，改变了自己的悲惨命运。

生活对任何人都是平等的，生活也是没有捷径可走的，我们能做的就是一步一步地走好脚下的路，最终迎来胜利的曙光。

古人说："不积跬步，无以至千里；不积小流，无以成江海。"任何大事情都是无数的小事情累积起来的，每一次成功都是不断的努力取得的。不要忽视小事，因为，再复杂的事情都可以分解成一件一件的小事。

如果我们凡事都能从小事做起，不求一步登天，具有愚公移山的精神，最终一定能取得成功。

在人生的道路上，不要左顾右盼路边的风景而迷失了自己前进的方向。看脚下，踏踏实实走好每一步，才能踏上通向成功的康庄大道。

成大业者必有着不同于常人的努力，有着不同于同龄人的思考。出生于匈牙利的普利策，就是这样的一个人。

有美国学者指出，做任何事情都尽最大努力，人有这种做事业的态度，终会成功。

从劳动中结出的硕果是最甜美的。虽然我们每天所做的事情有限，但是如果是有意义的事情，就是值得的。不妨问问自己，在做事情的过程中，你真的尽了最大努力吗？

有为之人之所以有为，是国为他们做任何事情都是非常踏实、用心。不要总是在意别人捧在手中的丰硕果实，却不去体察他人艰辛的付出！生活很公平，人人心中都有一杆秤，实际付出了多少努力自己最清楚。成功其实很简单：只要每天都去奋斗、去拼搏，坚持尽最大努力做好自己该做的事情就可以了。

明天不会再有今天的太阳

每天的太阳都是崭新的，凡事都习惯推到明天再干的人，将永远没有明天。许多人都有把今天的事情拖到明天去做的习惯，还有些人千方百计地找理由来安慰自己不做事。向往明天、等待明天而放弃今天的人，就等于失去了明天的太阳，结果会是一事无成。而把握今天的秘诀是：马上动手，付诸行动。

李洋在老师和家长眼里，绝对是一个听话的好孩子，学习成绩也很优异。李洋本来爱说爱笑，但是最近他总是愁眉苦脸的，满怀心事，而且老说一些使自己泄气的话，比如"唉，我怎么这么没用啊""累死了，真不想学习了，没意思！"。

班主任林老师发现了这个问题，便把李洋叫到办公室，仔细询问。李洋一副苦恼的样子，说："我一直很爱学习的，我有自己的理想和目标，这学期开始，我制订了详细的计划，包括各门功课应该实现什么样的目标，在班上争取什么样的位置。为了实现这些，每天在什么时候、要做什么事我都做了明确的规定。而且我还分科独立制定目标，一门功课一张表。但是令我苦恼的是，这个计划仅仅执行了一周，第二周便不能执行了。有时是忘记了这个时间该做的事情，干脆下面的也不想做了；有时候感觉很累，什么也不想做，就对自己说明天再做吧，到了第二天又没做……我应该怎么办呢？"

林老师听了点点头，说："别着急，老师帮你分析分析。"李洋的计划是制订好了，但执行不到一周就出了毛病：今天打了半天篮球，特别累，休息一下，到明天晚上再学习；到了明天晚上，有足球赛，算了，明天晚上吧……这样不知道过了几个"明天晚上"，结果是计划一点都没执行。

我们每一个人的脑海里可能都藏着一个或数个早就应该付诸行动的想法，也许是写一篇文章，或是早起锻炼身体，或是工作业绩提高等。我们都有追求完美的愿望，怀有不断改进自我的希望，可是计划杂乱无章，不能坚持做好一件事的人，是根本不能实现自己的理想的，而只图当下快活、享受今天的人，直到"老大徒伤悲"时，才会感叹自己"少壮不努力"。

意志薄弱者做事犹豫不决，迟迟未见行动，一再拖延。他们老是说："等一等，等我准备好了就一定开始。"但是，准备又准备，从未就绪。他们时时受到玩乐的干扰，为了一时快乐，而放弃已经确立的目标。他们总是安慰自己，寻找借口："这种方法不错，可不适合我。""我已发誓早起多次了，可就是做不到，看来我的天性不适合早起。""我一看书就困，试过多次了，看来我与别人不同，不适合晚上看书。"这些理由看似合理，实则都是在自欺欺人。他们常常为自己耽误时间而后悔，又不能及时约束自己，到头来一事无成。

古诗《明日歌》这样写道："明日复明日，明日何其多，我生待明日，万事成蹉跎。"

有一艘海轮途中触礁，船体进水。乘客有的忙着找救生圈，有的忙着找自己的行李，但更多的人在发牢骚：有的责怪船长，说其驾驶技术太差；有的骂造船厂，说其生产伪劣产品。

这时，一位乘客高声喊道："我们的命运不是掌握在我们的嘴上，而是掌握在我们的手上，快堵住漏洞！"经过众人的努力，漏洞被堵住了，海轮安全地驶向海岸。

百怨不如一干，百说不如一做，光靠"耍嘴皮子"是没用的，只有行动起来，才能解决问题。

莎士比亚说过："时间给勤奋者以智慧，给懒汉以悔恨。不知道你们是不是想到某件事情就会毫不犹豫地马上动手去做呢，现在让我告诉你们，这是很重要的，因为这可以培养你的执行力，想到了就马上动手实践吧。"

是啊，如果所有的事情都推脱到明日，不管你的梦想多么美妙，计划多么周详，不采取任何行动，梦想只能是空想，也就永远没有实现的一天。所以，任何借口都是多余的，都是心不诚的表现。要想成功，人必须立刻采取行动，而且马上开始。

时不我待，失去时机，你就永远无法成功。

人其实很容易迷失在生活的旅途中，有些人晕晕乎乎，一辈子不知道自己的真正目标是什么，虽然有时候也很忙碌，但只是在机械地随着人流而奔波。有些人一辈子一味随波逐流，烦恼着、痛苦着、挣扎着，沿着别人为他们设定的目标而前行，没有一个确定的目标。这其实都是在浪费时间和生命。时间匆匆而过，人如果没有明确的人生规划，随便找个工作或开始从事某一种行业，然后碌碌无为过一生，就将丧失改变命运的许多良机。

在生活中，有很多人的生活就像脚踩西瓜皮，滑到哪里是哪里。在很长的时间内，他们都不知道到自己到底要干什么，等到醒悟之时，已经为时已晚，丧失了最好的时机。有一项调查表明，人的一生有七次机会可以改变命运，从25岁到70岁，25岁时，年纪太大，容易失去机会，70岁时，年纪太老，也难以把握住机会，剩下的五次，由于种种原因，也可能错过两次，那么整个一生还可能有三次改变命运的机会，你能否抓住这改写命运的三次机会呢？我们来看看保罗的故事：

1976年的冬天，19岁的保罗在美国休斯敦太空总署的太空梭实验室里工作，同时也在总署旁边的休斯敦大学主修计算机专业。保罗酷爱音乐，即使工作和学习再忙再累，只要有一分钟的时间，他也会进行音乐创作。

保罗自己不擅长写歌词，于是他找了一个叫斯密特的女生，帮他写歌词。斯密特写的歌词充满了灵气，让保罗爱不释手，他们一起创作了许多很好的作品，一直到今天，保罗仍然认为这些作品充满了特色与创意。

一个星期六，斯密特邀请保罗去她家参加晚宴，席间斯密特问保罗："想象一下，你五年后会做什么？"

保罗愣了一下，略作思考，正准备回答的时候，斯密特又说："别急着回答，你先仔细想想，确定后再说出来。"于是他沉思了几分钟，然后说道："第一、我希望五年后我能发行一张会很受欢迎的唱片，可以得到许多人的肯定。第二、我要生活在一个有很多很多音乐的地方，能天天与世界一流的乐师一起工作。"

斯密特说："你确定了吗？"

保罗慢慢稳稳地回答："是的，我确定。"

斯密特接着说："好，既然你确定了，我们就把这个目标倒算回来。如果第五年，你要发行一张唱片，那么第四年一定要跟一家唱片公司签好合约；进而第三年一定要有一个完整的作品，可以拿给很多很多的唱片公司试听；那么第二年，一定要开始录制作品；因此第一年，就一定要把你所有准备录音的作品全部编曲，排练就位准备好。那么第六个月，就必须把那些没有完成的作品修饰好，并且逐一进行筛选。而第一个月就是要把目前这几首曲子完工。那么第一个礼拜就要先列出清单，排出哪些曲子需要修改，哪些需要完工。好了，我们现在已经知道你下个星期一要做什么了。"斯密特笑着说，"对了，你五年后，要生活在一个有很多音乐的地方，与许多一流乐师一起创作，对吗？"她急忙补充道，"如果，你的第五年已经在与这些人一起工作，那么第四年应该有自己的工作室或录音室；第三年，可能是先跟这个圈子里的人在一起工作；第二年，你应该不是住在德州，而已经住在纽约或是洛杉矶了。"

第二年，保罗辞掉了令许多人羡慕的太空总署的工作，离开休斯敦，搬到了洛杉矶。

说也奇怪：不敢说是恰好五年，但大约是第六年——1983年，保罗的唱片开始畅销起来。

当你暂时没有目标，暂时看不清前方的道路，感到困惑的时候，是否应该像保罗一样静下心来问问你自己：五年后你"最希望"自己在做什么？这样倒推，就大约可以知道，此刻你应做什么。让自己的人生有明确的规划和可行性，让自己的生命不因为迷失而不知所措，人要行使自我选择的权利，将生命把握在自己手上，坚定地前行，实现自己的梦想。

下篇

修性

人生如茶须细品

　　品茶品的是一种文化，茶只有品后方能悟到其中的真谛。四大古典名著之一《红楼梦》中，我们记得黛玉宝玉等一群人细细讨论茶的事情。刘姥姥进大观园，平时在家大口吃饭大碗喝茶，自然不知道茶是需要品的，经过讨论大家最后得出的结论是："茶是一盅为品，一杯为喝，若是一碗就为饮了，那样就和牲口差不多了。"虽然看似玩笑的一句话，却也道出了品茶的真谛：细品人生百味茶，不细品的话，茶喝再多也只能是一种解渴的水而已。其实，人生又何尝不是如此呢？

　　有这样一种说法：喜欢繁华的都市生活，这样的人生如花茶，浓香宜人，不缺滋味；喜欢平淡朴拙的生活，这样的人生如茶中毛峰，朴实无华但是依旧不缺滋味；喜欢清新素雅的生活，这样的人生如茶中龙井，细品方知其味，但不是所有人都能品得出其中的味道，龙井之味需要找到那个合适的人；喜欢我行我素敢于挑战人生的生活，这样的人生应该在深夜自泡一杯苦丁，只有自己品尝才能了解其中的味道。

《小窗幽记》中有这样一段话：

"清闲无事，坐卧随心，虽粗衣淡饭，但觉一尘不淡；忧患缠身，繁扰奔忙，虽锦衣厚味，亦觉万状苦愁。"这段话说的是，人生要有一种宁静致远的追求。清闲自在，喜欢坐就坐，喜欢躺就躺，随心所欲，在这种状态下，即便穿的是粗衣，吃的是淡饭，仍然会觉得心情平静，不会为一些日常凡俗之事而牵挂；相反，那些患得患失、忧患和烦恼缠身的人，成天为一些烦忧之事而奔忙，这些人虽然穿的是华丽的衣服，吃的是山珍海味，也会觉得心中痛苦万分。

清闲自在，坐卧随心，也就是"清心"。从心理学上说，"清心"就是一种没有"心机"的心理状态。它是与"有心"的生活态度相对的。"清心"就是不动情绪，不执着，恬淡而自得，根据自己的本真去待人处事。因此，"清心"

从一定意义上说，又是一种生活之道。如果用老子所说的"失道而后德，失德而后仁，失仁而后义"的观点来衡量，"清心"的层次远在德、仁、义之上。"清心"中孕育着童真，"清心"中孕育着活力，"清心"中孕育着快乐。

不管你喜欢何种味道的人生，也不管你喜欢怎样的茶，只要你自己愿意花时间去细品其中的滋味就行。人在不知不觉中长大，回忆有时候像品茶一样，在品味之中可以知道得失，知道自己的位置。

人生如茶，大口喝下并不能品出其中的味道，假如一生"喝茶不品"，那么你的人生就是"混沌"的，不知何欲何求，如同生命的过客。茶入口之时或许我们会觉得有点苦，但是静心品味之后就会觉得甘甜入口，假如没喝完等到茶凉了之后再去品味，这个时候或许还会有苦涩的味道，回味莫可名状。如此品茶的过程和我们人生的旅程其实是同一个道理，从呱呱落地的幼稚单纯到青春年少的羞涩朝气，再到识尽人生百态的最终释然，每个过程都需要我们细细品味，只有细品才知其味细，思考人生的同时也好好地思考自己。匆忙的生活会使我们忽略了许多美好的、值得欣赏的东西，假如我们任时光流逝，任年华飞走而不闻不问的话，最后就只能自己对着空镜叹息了。所以，人一定要找到寄托心灵的处所，这样才能有余情去欣赏这世界可爱的一面，才有机会去享受真正属于自己的人生。

人生如茶，苦而甘甜。一个人在开始走进这个社会的时候，总会遇到这样那样的困难，人生的困难在开始的时候有可能让我们备加害怕与悲伤，但是假如这个时候能"挺一挺"，走过这些"坎"，那么之后就会得到我们自己想要的，这个时候生活的味道就是甜的。

那么，真正会"品茶"的人该怎么做呢？

一个人假如想要喝茶，那么首先就要学会沏茶。而沏茶首先要选择茶叶，同时还要会辨形、辨色。我们每个人的一生都会面对很多的选择：痛苦的，给人以奋进；艰难的，给人以沉着；甜蜜的，给人以幸福。人的一生会遇到许许多多的人，然而只有少数几个可以成为自己的知己、良友。近朱者赤，近墨者黑。人若交错了朋友，走错了路，那他的一生只能是遗憾。

选好了茶叶，就要开始沏茶了。把茶叶放进杯里，倒进水，茶叶在沸水里翻腾。这对于人生而言就好比是刚进入到一个新的群体，总有一种寂寞和失落的感觉，因为那本是属于别人的一片天地。人的一生不可能总处于同一生活环境，总要遇到许多陌生的人和新鲜的事物，所以有必要学会随时适应新的环境，学会勇敢地面对困难。这不是一个简单的问题，而是一门深奥的学问，因为，逃避现实是不可能的，世外桃源也不会有。

接下来我们必须等待，等茶慢慢变深了颜色，茶叶慢慢舒展开来。在人生阶段就好比是我们每个人必须融入社会。一个人不可能孤立地生活着，总要与集体有着千丝万缕的关系。一个脱离了集体的人不可能取得大的成就，个人的光芒只有在集体的合力下才能更加灿烂。正如没有草地的衬托，花就无美丽可言。一点微弱的光在黑暗中不能照亮一片很大的地方，一滴水的力量非常渺小，只有汇入河流后力量才是无穷。把"小我"融入社会的"大我"中去，那么，任何力量都不可小觑。

茶不可久泡，否则会变得很苦。人要有自己的思想和见解，要做生活的主宰，而不是为生活所迫。生活在集体里，容易让人产生惰性心理，忘却了要为目标而行动，为了理想而奋斗。所以，生活不能失去目标，否则人就像大海中迷失航向的帆船，漂浮不定。

茶泡好了，就该好好去品尝，这是最重要的步骤，茶泡得再好，假如没有品尝的话，那么只能是浪费了茶叶和开水。所以，人要珍惜眼下，珍惜与自己相识的人，珍惜幸福，千万别虚度时光。

有一对年轻的美国夫妇利用假期出外旅游。他们从纽约南行，来到一处幽静的丘陵地带，发现在这人烟稀少的小山旁边，有一间小木屋。

夫妻二人走到小木屋前，看见门前坐着一位老人。年轻的丈夫上前一步问道：

"老人家，你住在这人迹罕至的地方不觉得孤单吗？"

"你说孤单？不！绝不孤单！"老人回答道。

停顿了一会儿，老人接着说："我凝望那边的青山时，青山给予我力量；我凝望山谷时，那一片片植物的叶子，包藏着生命的无数秘密；我凝望蓝色的天空，看见那云彩变化成各式各样的城堡；我听到溪水的淙淙声，就像有人在向我做心灵的倾诉；我的狗把头靠在我的膝上，我从它的眼神里看到了纯朴的忠诚。每当夕阳西下的时候，我看见孩子们回到家中，尽管他们的衣服很脏，头发也是蓬乱的，但是，他们的嘴唇上挂着微笑；此时，当孩子们亲切地叫我一声'爸爸'，我的心就会像喝了甘泉一样甜美。当我闭目养神的时候，我会觉得有一双温柔的手放在我的肩头，那是我太太的手；遇到困难和忧伤的时候，这双手总是支持着我。我知道，上帝总是仁慈的。"

老人见年轻夫妇没有作声，于是，又强调了一句："你说孤单吗？不，不孤单！"

这位老人的生活看起来是平淡的、单调的。但平淡，不是没有欲望。安于平淡的生活，并能以平淡的态度对待生活中的繁华和诱惑，让自己的灵魂安然自处，这样的人，就像云彩一样的飘逸，就像湖泊一样的宁静。这就是一种"清心"的境界。这位老人正是达到了"清心"的境界，因此他能清闲自在、坐卧随心，从平凡的生活之中，体悟到生活的情趣，领略到生活的快乐。

在这个世界上，每个人都可以说是"凡夫俗子"，总期盼着过幸福的日子。当然，向往逍遥自在的生活是每个人的天性，但真能做到却很困难。生活中的自由是有条件的，比如尽量减少欲望、淡泊名利、心胸豁达，即使做不到心静如水，也能给自己增添一份洒脱，学会正确取舍。

人生的酸甜苦辣咸，细细品来才有值得回味的美丽，不要因为人生之茶开始时有点苦就不想继续品下去，因为苦尽甘来才是人生最值得品味的滋味；也不要因为人生之茶开始时有点不合自己的口味，所以就不愿意继续喝下去，喝了才知道生活的艰辛，那么以后的甜才能更值得珍惜。人不能总是斤斤计较于生活中的琐事，把心胸放开点才能享受生活。怀着一颗感恩的心，去细细品味生活中的每一件事，你就会发现，平凡后面的乐趣也会让人留恋。

人要活得随意些，就要活得平凡些；人要活得辉煌些，就得耐得住痛苦；人要活得长久些，就要让生活简单些。

　　生活本身充满了阳光与快乐，也充满了坎坷与磨难。人生是场搭车的旅行，每段路程都有它独特的美，也有不堪的"丑"。我们没有办法让人生这趟列车停止运行，因为我们驾驭不了生命的慢慢变老；我们左右不了列车的行程，因为每个过程都有每个过程必经的美丽与痛苦；我们改变不了列车前行的速度，因为每一段路程都有它必须提速或减速的理由；我们更不能羡慕先上车的，嫉妒后上车的，因为每个人都有属于自己的时刻表。我们能做的就是在人生这趟列车前行的过程之中用心欣赏窗外的风景，快乐地面对属于我们的所有行程，用心解决出现的难题，搁置不能解决的事情。只要登上属于自己的列车，努力前行，不留遗憾，这样就不虚此行了。

保持快乐的习惯，充分享受生活

人能否快乐，能否享受生活，全凭自己的判断，这和客观环境并不一定有直接关系。各人有各人理想的乐园，各人有各人乐于安享的世界。拥有万卷书的穷书生，并不想去和百万富翁交换钻石或股票；满足于田园生活的人，也并不艳羡任何学者的荣誉头衔，或高官厚禄。人的心态就是人追求的快乐的方向，人的兴趣就是人快乐的资本，人的性情决定着人距离快乐的远近。

美国畅销书《如何快乐》的作者撒尔玛索恩女士说："我们的生活有太多不确定的因素，我们随时可能会被突如其来的变化扰乱心情。与其随波逐流，不如有意识地培养保持快乐的习惯，随时帮助自己调整心情。"她举了一个例子说明：

鲍伯·哈利斯和妻子泰瑞在12月买了一辆新车，夫妇俩决定开新车到德州去和家人过圣诞节。他们日夜兼程——一个人开车，一个人睡觉。经过一场几个小时的大雨后，他们在深夜回到家中。他们累极了，只想洗个热水澡，睡在柔软的床上。哈利斯认为不管再怎么累，当晚也该把东西从车上卸下来，但泰瑞只想赶快洗澡睡觉，所以他们决定，早上再说。

早上7点，他们起床梳洗后决定把东西卸下车。当他们打开家门时，他们的停车道上却看不到车子！泰瑞和哈利斯面面相觑，目瞪口呆。泰瑞问哈利斯："喂，你把车停在了哪里？"

哈利斯回答："就在停车道上。"他们很肯定车停的地方，却还往外走，希望看到车子奇迹似的自己停在停车道外，但没有。怅然若失的哈利斯报了警。警方保证他们有98%的概率在两个小时内找回车子。两个小时内，哈利斯一直打电话问："我的车在哪里？""我们还没找到，哈利斯先生，但在4小时内还是有94%的机会。"又过了两个小时，哈利斯打电话问："我的车呢？"他们再次回复："我们还没找到，不过 8 小时内还是有 90% 的寻获率。"一天杳无音讯使泰瑞渐渐变得更加烦恼，尤其当她想起车子里放了很多东西——他们的结婚照、绝版的上一代家庭照片、衣服、所有的照相器材、哈利斯的皮夹和支票本。

充满焦虑与挫折感的泰瑞问快乐的哈利斯："我们的新车和东西都丢掉了，你怎么还能这么高兴？"

哈利斯看着她，说："亲爱的，我们可以因丢了车而烦恼，也可以因丢了车而快乐。总而言之，我们的车不见了。我相信我们可以选择好态度和好心情，现在我选择让自己快乐。"

5 天后，他们的车找回来了，不过车上的东西无影无踪，车子的维修花费也超过 3000 美元。哈利斯把它送修，并因为听到承诺会在一周内把它修好而感到高兴。一周结束时，哈利斯甩掉了租来的车，把自己的车开回家，感到十分兴奋，且松了口气。不幸的是，这样的感觉很短暂。快到家的路上，他撞上了另一部车，造成了另一笔 3000 美元的赔偿损失。当哈利斯站在车道上看着车、责怪自己撞了别人的车时，泰瑞走向哈利斯，看了看车，又看着丈夫，说："亲爱的，我们可以因有一部撞坏的车而烦恼，也可以因有一部撞坏了的车而快乐。总之，我们有一部撞坏了的车，所以，我们选择快乐吧。"哈利斯笑出声来表示双手赞成，他们一起享受了美妙的夜晚。

心理学家马修·杰波博士说："快乐纯粹是内发的，它的产生不是由于事物，而是由于不受环境拘束的个人举动所产生的观念、思想与态度。"快乐是一种选择，与你的境遇和外界环境关系不大，主要取决于你的心态。快乐的心态会像一缕温暖的阳光驱散内心的阴云，创造快乐的人生。

你有没有发现，你若期待"坏事"来临，事情就真的常会"变坏"？所以当你心情不好时，一定要尽快摆脱负面的思维，让情绪转到快乐的轨道上。

卡耐基曾说："使你快乐或不快乐的，不是你有什么，你是谁，你在哪里，或你正在做什么，而是你对它的想法。举例来说，两个人处境相同，做同样的事情；两个人都有着大致相等数量的金钱和声望。然而，其中之一郁郁寡欢，另外一人则欢欣愉快。什么缘故？心理态度不同的关系。"

要使快乐变成一种心理习惯，人就必须能够时时处处在生活中寻找快乐，发现快乐。波兰作家显克微支笔下的"小音乐家"杨科的世界中，处处都有美妙无比的音乐，然而在别人听来，那不过是平淡无奇的虫吟蛙鸣、风声鸟语、流水声和车轮声。在不顺心的时候，在遇到悲惨的情景和无法避免的困难的时候，如果我们能以愉快的心情去对待，那么，它们很可能就变得微不足道，变得有益且鼓舞人。所以说，养成快乐的习惯，带着微笑生活，我们就会成为生活的主人。"干吗要把事情想得那么糟呢？"这是快乐的人常常说的话。

有一句话叫"生活在此刻"，就是享受你正在做的，只为拥有而快乐，珍惜你所拥有的快乐，而不是陷在过去的回忆中为失去而伤心。否则，总有一天，你会发现生命中宝贵的东西已离你远去。

从前有个小和尚，每天早上负责清扫寺院里的落叶。清晨起床扫落叶实在是一件苦差事，尤其在秋冬之际，每一次起风时，落叶总随风飞舞。每天早上都需要花费许多时间才能清扫干净，这让小和尚头痛不已。他一直想要找个好办法让自己轻松些。后来有个和尚跟他说："你在明天打扫之前先用力摇树，把落叶统统摇下来，后天就可以不用扫落叶了。"

小和尚觉得这是个好办法，于是第二天他起了个大早，使劲地摇树，他想这样他就可以把今天和明天的落叶一次扫干净了。小和尚一整天都非常开心。第二天，小和尚到院子里一看，不禁傻眼了。院子里如往日一样满地落叶。老和尚走了过来，对小和尚说："傻孩子，无论你今天怎么用力，明天的落叶还是会飘下来。"

小和尚终于明白了，世上有很多事是无法提前的，唯有认真地过好当下的人生，才是最真实的人生态度。

很多人之所以不能时刻拥有当下美好的生活，是因为他们总希望自己能够快点成功。可是一个人能否享受生活和成功并不一定与时刻希望美好、成功有关，你无法断言怎样才是成功，也无法肯定当自己到达了某一点之后会不会快乐。

有些人永远不会感到满足，他们的快乐只建立在不断地追求与争取的过程之中，因此他们的目标不断地向远处推移。

享受我们正在拥有的时间、金钱与爱是我们生活中最重要的一课。别等到我们须发皆白时再去空叹自己还没有享受过畅快的生活。无论昨天发生了什么，明天也许会发生什么，我们身处的都是现在，所以充分享受现在的生活吧！

如果天上的星辰一生只出现一次，那么每个人一定会出去仰望，之后许久还大赞其美。但星辰每晚都闪亮，于是，很多人习以为常，好几个月都不去抬头望一眼天空，也不去欣赏它们的美丽。正如罗丹所说："生活中不是缺少美，而是缺少发现美的眼睛。"不会欣赏每日的生活是很多人最大的悲哀。其实，我们不必费心地四处寻找美，因为美好的生活是随处可见的。

珍惜生活、享受幸福最好的策略，便是将注意力拉回到现在，而不是为将来而烦恼。将你的注意力集中在眼前的日子上，享受生活，让自己充实，让人生充满活力。

许多人喜欢早一步解决掉明天的烦恼，于是总是生活在下一刻的设计里。早上还没起床时，就开始担心起床后的寒冷而错失了被子里最后几分钟的温暖；吃早餐的时候，又想着开车上班的路上可能会堵车；上班的时候，就开始设计下班后怎么打发时间；参加派对时，又在烦恼回家路上得花多少时间了。

很多人为了下一刻不停地烦恼着，急着等周末来临、暑假来临、孩子长大、年老退休，等当真正老时，恐怕又在追记年少时的荒废。很多人对堵车的公路乱骂脏话；在超市毫无耐性；对着电视不停地调换频道；一个劲儿地催促孩子快点……

人们总是在推迟自己的快乐——无限期地推迟。尽管并非有意如此。

我们必须摆脱对"下一刻"的迷思和幻想："下一刻"有的不切实际，有的虽然是事实，却剥夺了我们此刻的生活。人的生活永远充满挑战，最好让自己承认这一点并决定去变得快乐。明天如果有烦恼，你今天是无法解决的，每一天都有每一天的人生功课要交，努力做好今天的功课再说其他的！

下篇 修性

心外无物，心情才会舒畅

在日常生活中，在生存竞争的巨大压力下、在名与利的多重诱惑下，很多人养成了自私、贪欲、痴迷、浮躁、报复、好胜、狂妄等种种不良心态，当心中装满了成见的时候，他们就不能客观地看待一些问题了。狂热追求名利财富的人，很多的欲望压在心中，常常累了不知道要休息，饿了也不去好好地吃顿饭，为人心机重重，不能享受生活中的乐趣。

佛家有个禅语叫做"成见不空"，就是说人心里不要有成见和任何杂念，心外无物，心情才可以舒畅。运用到现实中，我们对待生活要化繁为简，经常"清空"心中的杂念，这样才能畅快地生活。

我们必须在人生的旅途中扔下一些心理"包袱"。事实上，如果我们的心中没有成见，没有偏见，没有心机，没有名利，我们所看到、所听到、所欣赏、所品味的世界就将是真真实实、明明白白的，我们就能够感受到内心的自在。

那么，什么是"心无外物"呢？按照中国传统文化来描述就是无为、不争、不贪、知足，具体来说，就是得到荣誉不骄傲，被诽谤了不恼怒，得到名利不自傲，失去钱财不忧虑。换言之，就是把所有事情都当做一种常态去对待，吃饭好好吃，睡觉好好睡，做事当认真，为人不计较等。

有位学者，来到南隐禅师处，专程请教什么叫"禅"。

禅师以茶水招待学者，倒满杯子时并未停止，仍然继续注入。眼看茶水不停外溢，学者实在忍不住了，就说道："禅师！茶已经漫出来了，请不要再倒了。"

南隐禅师说道："你就像这只杯子一样，你心中满是看法与想法，如果你不先把自己心里的杯子倒空，叫我如何对你说'禅'。"

当一个人心里存在一种想法的时候，就非常难做到正确认识一件事物，这就类似戴着有色眼镜看世界。在日常生活

下篇 修性

191

中，我们每个人都会有嫉妒、疑惑、杂念、妄想、烦恼等，有时候会无所适从，其实只要"放下"，做到"心外无物"，心情就可以舒畅，我们就能取得意想不到的收获。

23 岁的围棋选手林海峰在名人战中挑战坂田荣男，首局败北后，林海峰失去自信，他去找老师吴清源请教。

吴清源说："你现在最需要的是心中什么都不想。你23 岁就挑战名人，这已经是多少人梦寐以求也达不到的成就了，你还有什么放不开的呢？"言毕，吴清源题写了一幅"平常心"的字送给弟子，林海峰由此大悟，随后连胜三局，坂田扳回一局后，林海峰再胜一局，挑战成功，成为史上最年轻的名人。

林海峰说："从此以后，我再也没有为输了棋而难过了。"他最爱用的题词是"无我"，颇具禅意的简短两字，深意却尽在其中。

可见，在竞技比赛中，以及面对各种问题时，保持平常心是极其重要的，平常心常常可以使人超常发挥自己的水平，取得好的成绩，处理好问题。所以，把胜负置之度外，专注于过程，只问耕耘，不问收获，这样往往可以取得出人意料的成绩，而这正是"心无外物"的意义所在。

在奥运会中，有大量优秀的运动员，因为太想拿金牌，心理压力太大，导致临场发挥不佳，最后与金牌失之交臂。不同的是，也有很多不知名的运动员，因为没有必须拿金牌而产生的心理压力，轻装上阵，结果取得不错的成绩，有的甚至超常发挥，夺得了金牌。

体操王子李宁在1984年第23届奥运会上，因为是第一次参加奥运会，没有夺金的压力，他发挥超常，一举夺得了自由体操、吊环和鞍马三枚金牌，跳马银牌和全能铜牌，男子团体银牌，被喻为"体操王子"。

后来李宁在1988年第24届汉城奥运会上，由于是他体育生涯的最后一场比赛，夺金与保持"体操王子"名声的压力太大，他总想拿金牌得冠军，结果在比赛中发挥失常，与奖牌无缘。

世界上的每件事都是平常的，也是不平常的，心无外物是一种不以物喜，不以己悲的非常高的境界，是一种积极的人生态度。

著名心理学家丹尼尔·戈尔曼说："被自己情绪摆布的人，是不可能成为一个有所建树的成功人士的。"我们的周围就有一些聪明多智的人，但他们做事并不成功，关键就在于他们易被自己的情绪所支配，患得患失，反之，他们若能控制自己的情绪，理性地对待事物，一定可以成就一番大事业。人心情好时，会乐观通达，所从事的事业也会取得显著进展。

悉心享受生活中每一次小小的喜悦

生活中最重要的是心的自在，不管你以什么样的形式生活，只要日子过得很洒脱、内心很自在就可以了。

岁月流逝，花开花落，不论是曾经的拥有，还是现在的失去，有的刻骨铭心，终生不忘；有的如烟似雾，过而无痕。所有的经历都是人生旅途中的足迹，都是一种生命过程，所以悉心享受生活中的每一次小小的喜悦，是我们对生活最好的回报。

史蒂文森说过："快乐的习惯是一个人至少在很大程度上不受外在条件的支配。"每个人在内心深处都有自己的追求，所以，只要朝着你内心积极的追求目标努力，不管环境如何，你都会感到十分快乐。

苏格拉底还是单身汉的时候，和几个朋友一起住在一间只有七八平方米的小屋里。尽管生活非常不便，但是，他一天到晚总是乐呵呵的。有人问他："那么多人挤在一起，连转个身都困难，有什么可乐的？"苏格拉底说："朋友们在一块儿，随时都可以交换思想，交流感情，这难道不是很值得高兴的事吗？"

过了一段时间，朋友们一个个相继成家了，先后搬了出去。屋子里只剩下苏格拉底一人，但是他仍旧每天快快活活的。那人又问："你一个人孤孤单单的，有什么好高兴的？""我有很多书啊！一本书就是一个老师。和这么多老师在一起，时时刻刻都可以向它们请教，这怎能不令人高兴呢？"

几年后，苏格拉底也成了家，搬进了一座大楼里。这座大楼有7层，他的家在最底层。底层在这座楼里环境是最差的，楼上的人总往下泼污水，丢死老鼠、破鞋子、臭袜子和杂七杂八的脏东西，那人见他还是一副自得其乐的样子，好奇地问："你住在这样的地方，也感到高兴吗？"

"是呀！你不知道住一楼有多少好处啊！你看，我一进门就到家，不用爬很高的楼梯；搬东西也很方便，不必花很大的劲儿；朋友来访容易，用不着一层楼一层楼地去叩门询问……最让我满意的是，可以在空地上养一丛一丛的花，种一畦一畦的菜，这些乐趣呀，数之不尽啊！"苏格拉底情不自禁地说道。

过了一年，苏格拉底把一层的房间让给了一位朋友，这位朋友家有一位偏瘫的老人，上下楼很不方便。而他搬到了楼房的最高层——第7层，可他每天仍是快快乐乐的。那人揶揄地问："先生，住7层楼是不是也有许多好处呀！"苏格拉底说："是啊！好处可真不少呢！每天上下几次，这是很好的锻炼机会，有利于身体健康；7楼光线好，看书写文章不伤眼睛；没有人住在头顶干扰，白天黑夜都非常安静。"后来，那人遇到苏格拉底的学生柏拉图，说道："你的老师总是那么快乐，可我觉得，他每次所处的环境并不那么好啊！"

没有一个人能感到百分之百的快乐，正如萧伯纳所言：如果我们觉得不幸，可能会永远不幸。但是，我们可以想一些愉快的事情，请记住：决定一个人心情的，不是于环境，而在于心境。

有这样一个故事：

唐朝诗人白居易去拜访恒寂禅师。当时天气非常热，恒寂禅师却在房间内，非常安静地坐着。

白居易问道："禅师！这里好热啊！为什么不换个清凉的地方呢？"

恒寂禅师说："我觉得这里非常凉快啊！"

白居易由这事深受启发，于是作诗一首：人人避暑走如狂，独有禅师不出房；非是禅房无热到，为人心静身即凉。意思就是，人只要做到内心平静，身上自然不热，就可以安然地面对一切。

我们每做一件事情，都要学会把心安下来，学会心静，这样才能享受生活。

有一个人来拜访朋友，吃饭时，朋友只配了一道咸菜。这个人问朋友："难道这咸菜不会太咸吗？"

"咸有咸的味道。"朋友回答道。

吃完饭后，朋友倒了一杯白开水喝，这个人又问："没有茶叶吗？怎么喝这么淡的开水？"

朋友笑着说："开水虽淡，可是淡也有淡的味道。"

是啊！咸菜的咸与白开水的淡，就像我们在人生中遇到的不同情境与事件，在我们无力做出选择的情况下，命运安排给我们什么，我们就享受什么好了！漫漫人生路我们需要品尝各种滋味，需要体验各种心境，样样不可缺，样样不可少，这才是圆满。超越了咸与淡的分别，才能真正品味到咸菜的好滋味与白水的真清甜，这是我们每个人都应领悟的高境界。

"浓肥辛甘非真味，真味只是淡；神奇卓异非至人，至人只是常。"这句话的意思是，那些所谓的肥腻、酸甜苦辣都不是真正的美味，真正的美味只是平淡。所以，不要刻意地把喜悦挂在嘴上，要全身心地去体验。

宠辱不惊，保持一颗欢乐的心

生活中有荣有辱，有毁有誉，这是人生的正常际遇，不足为奇，但平和心态很多人不常有。

唐朝时，有个叫卢乘庆的人，字子余，幽州涿人。他在朝廷任"考功员外郎"，负责考核官吏的业绩功过。有一次，一艘运粮食的船只发生事故沉没了。卢乘庆为负责此事的官吏考核业绩时，把他定为"中下"等级。当他把这一决定告诉这个官吏时，没想到这个官吏没有丝毫的不高兴。

后来，卢乘庆想到，船只沉没是意外事故造成的，并非全是这个官吏的责任，于是把这个官吏的业绩等级更改为"中中"。这个官吏知道后，仍旧非常平静，对此也没有表现出非常高兴的情绪。

卢乘庆见这个官吏能够如此宠辱不惊，对其大加赞赏，于是又把他的考核业绩定为"中上"。

人生在世，必然有得有失，有荣有辱，人能够以平和的心态去面对，才是达观进取，笑看人生！

很久以前，村里有一对清贫的老夫妇，有一天，他们想把家中唯一值钱的一匹马拉到市场上去换点更有用的东西。于是，老头子牵着马去了集市。他先与人换得一头母牛，又用母牛去换了一头羊，再用羊换来一只肥鹅，又用鹅换了一只母鸡，最后用母鸡换了别人的一大袋烂苹果。在每一次交换中，他都觉得那是给老伴的一个惊喜。

当他扛着装满烂苹果的大袋子来到一家小酒店休息时，遇上两个英国人，老头子和他们攀谈起来，告诉他们自己赶集的经过。两个英国人听完，哈哈大笑，告诉老头子："你回去准得挨老婆子一顿揍！"老头子坚称绝对不会，于是两个英国人就用一袋金币打赌，如果他回家没有受老伴的任何责罚，金币就算输给他了。老头听完点头答应，于是两个英国人一起跟着去了老头子家中。

老太婆见老头子回来了，非常高兴，又是给他拧毛巾擦脸，又是端水出来给大家喝。老头子向老太婆叙述赶集的经过。他毫不隐瞒，全过程一一道来。每听老头子讲到用一种东西换了另一种东西时，她就十分激动地对老头子的做法表示肯定。

"哦，我们有牛奶了！"

"羊奶也同样好喝！"

"哦，鹅毛多漂亮！"

"哦，我们有鸡蛋吃了！"

诸如此类。

最后听到老头子背回一袋已开始腐烂的苹果时，她同样不愠不恼，大声说："我们今晚就可以吃到苹果馅饼了！"

其结果不用说，两个英国人输掉了一袋金币。

从这则美好的童话中我们明白，爱是一门艺术，宽容是爱的精髓，而宽容的妙法就是心态平和，保持愉快的心情欣赏对方。

别以为这难以做到，其实摒弃宠辱，就看你愿不愿意做了。很多人都有这样的想法，想等自己有足够的钱再去旅行；等自己有宽裕的时间再去好好地陪伴家人。但事实绝非如此，不是我们缺少时间、缺少钱，而是我们不知道如何才是"足够"，不知道"永远有多远"。我们常常被自己欲望的"枷锁"所禁锢，被自己的心所左右。

很多时候，我们都用沉重的心态去计较太多的东西，实际上，只要放弃不必要的太多的执着，简单一点，就会更开心一些。

心态平和，人就不去抱怨，也不盲目乐观；不冒险前进，也不害怕退缩；不刻意强求，也不轻言放弃；不固执己见，也不随波逐流。假使一个人总是不由自主地强迫自己的心意而迁就于外物和他人，他就很难获得快乐，很难获得心宽，也很难得到满足。总而言之，人要学会心态平和、安贫乐道，使内心不被其他事物所困扰、所牵绊，这样才能活出精彩。

心态平和，并不是让你放弃一切高远的目标，安于现状，不与命运抗争，而是让你对目前贫困的处境不要抱怨，不要怨天尤人，而是泰然处之，把它当成自己生命中一笔可贵的财富，在贫困的处境中更加奋发向上，勇于跟不公的命运作斗争，使人生的价值得到最大限度的体现。

很多人常常觉得人在社会，身不由己。例如，迫不得已地去应酬，迫不得已地去做违心的事情，迫不得已地赚钱，迫不得已地争权，却恰恰忘记了自己内心最本质的追求，是开心，是去做自己想做的事情。

还有些人常常感叹命途多舛，特别是抱怨不公平，总是被"梦想与现实为什么总存在着差距"的苦恼所困扰。事实上，让梦想插着翅膀飞得太远、太高，才使他们太苦、太累。

人应该活得自然些，高兴的时候手舞足蹈，激愤的时候怒发冲冠；大笑的时候开怀抚掌，痛哭的时候涕泪横流；成功的时候一蹦三尺，失败的时候痛哭流涕；处于顺境，乘风破浪；陷入逆境，破釜沉舟……人应该回归重视生命的自身价值之所在，得意时淡然，失意时坦然，宽厚仁慈，真诚纯朴，知足常乐，大智若愚，把苦水当做美酒，把伤疤算做财富，用欢笑和泪水抒发人生情怀。人来世间一回，颇为不易。心态平和，保持本性是我们应该做到的。心态平和，人就不会在功名利禄面前失掉本性、得意忘形、不可一世；心态平和，人就不会于污浪浊流之中迷失航程。

有心栽花花不开，无心插柳柳成荫。很多事情，太刻意了恰恰会失去，就好比手里的沙子，握得越紧，它会漏得越快。凡事不去刻意强求，常常可以有一番收获。

人，自出生后就具备了喜怒哀乐，具备了七情六欲，对于这些，我们是无法改变的。人生本来就是一个简简单单的过程，我们没有必要让简单的事物复杂化。在事业上，心态平和，是人在看待金钱和成就感上的一种升华，因为心态平和，人才能有更扎实的根底，才能循序渐进。在感情上，心态平和，保持和亲人、朋友的一种包容的心态，人就能珍惜已有的温暖，并给予别人更多的爱。

人生长则百年，短则数十载，所以，人不要愁眉苦脸，为眼前一时的挫折和困境而心力交瘁，而应该敞开自己的心胸，享受更愉快的旅程。

下篇 修性

把每一天都看成是最晴朗的日子

"春有百花秋有月，夏有凉风冬有雪，若无闲事挂心头，便是人间好时节。"各个时节、各个地方、各个事情都有坏的一面，也必定有好的一面，人应该理智地看待"好"的事情，发掘表象下的"坏"的内容，更全面地看待"坏"的事情，找到藏在背面的"好"。事情的存在都有它合理的一面，在人生旅途上，人如果能承受所有的挫折和颠簸，怀着感恩的心去生活，用最真、最善、最美的心意去体察世界，那么每天就都是最好的日子。

我们来看看苏拉·班哈特的故事：

苏拉·班哈特曾经是全世界观众最喜爱的女演员之一，她在71岁那年破了产，所有的钱都损失了；她因摔伤染上了静脉炎、腿痉挛，医生觉得她的腿一定要锯掉，但又害怕把这个消息告诉脾气很坏的苏拉。然而，当医生告诉苏拉时，医生简直不敢相信，因为苏拉看了他一阵子，然后很平静地说："如果非这样不可，那只好这样了。这就是命运。"

当苏拉被推进手术室的时候，她的儿子站在一边哭，她朝他挥了挥手，微笑着说："不要走开，我马上就回来。"

在去手术室的路上，苏拉一直背着她演过的一出戏里的一幕，有人问她这么做是不是为了强打精神，她说："不是的，是为了让医生和护士们高兴，他们受的压力可大得很呢。"

手术后的苏拉·班哈特继续环游世界，她的观众又为她疯狂着迷了7年。

卡耐基曾告诉我们："生命太短暂，不要再为小事烦恼。"快乐其实真的很简单，只要从平淡的生活中去提炼，去体会。一份牵挂、一杯淡茶、一朵鲜花、一个电话、一份平常心、一句亲热的问候，甚至一个关切的眼神，都会成为快乐的所在。

有个渔夫，是出海打鱼的好手。可他有一个不好的习惯，就是爱立誓言，即使誓言不切实际，一次次碰壁，他也将错就错，不肯回头。

一年春天，渔夫听说市面上墨鱼的价格很高，便立下誓言：这次出海只捞墨鱼。但此次打鱼遇到的全是螃蟹，他只能空手而归。

上岸后，他才得知，现在市面上螃蟹的价格最高。渔夫后悔不已，发誓下一次出海一定只打螃蟹。

第二次出海，他把注意力全都放到了螃蟹上，可这一次捞到的都是墨鱼。他只好再次空手而归。晚上，渔夫躺在床上，十分懊悔。于是，他又发誓，下一次出海无论是遇到螃蟹，还是墨鱼，他都捞。可第三次出海，墨鱼、螃蟹都没有遇到，他遇到的是海蜇。于是，渔夫再次空手而归。

结果，渔夫没能第四次出海，就在自己的誓言中饥寒交迫地离开了人世。

设定高标准，努力工作并没有错，但当这种高标准让你无比痛苦时，那就是苛求自己了。你刻意追求的东西往往终生都得不到，你的期待反而会在你的淡泊平和中不期而至。

做人，不必和自己过不去，看开点，才能活得潇洒，得到内心的快乐。实际上，我们对待任何事物都可以愉悦地接受。请"清空"你的内心；当你心烦意乱的时候，不要为失去而痛苦，要用一颗宽容的心去接纳生活给予你的一切，好好地珍惜你所拥有的。

有两个年轻人从乡下来到城市，经过一番奋斗，赚了很多钱，后来年纪大了，就决定回乡下安享晚年。他们在回乡的小路上，碰到了一位白衣老者，这位老者手上拿着一面铜锣，在那里等他们。

其中的一个人问老者："你在这儿做什么？"

老者说："我是专门帮人敲最后一声铜锣的人，你们只剩下三天的生命，到第三天黄昏的时候，我会拿着铜锣到你家的门外敲，你一听到锣声，你的生命就结束了。"说完后，这位老者就消失不见了。

这个年轻人听完就愣住了，好不容易在城市辛苦了那么多年，赚了这么多钱，要回来享福，结果却只剩下三天可活。他心想："太可惜了，赚那么多钱，只剩下三天可活，我从小就离家，从没为家乡做过什么，我应该把这些钱拿出来，分给家乡所有苦难和需要帮助的人。"于是，他把所有的钱分给穷苦的人，又铺路又造桥，光是处理这些事就让他忙得不得了，完全忘记了三天以后的铜锣声。

好不容易到了第三天，他才把所有的财产都散光了，村民们非常感谢他，于是请了锣鼓阵、歌仔戏、布袋戏到他家门口来庆祝，舞龙舞狮，又放鞭炮，又放焰火，场面非常热闹。黄昏时，老者依约出现，在他家门外敲铜锣，老者"锵！锵！锵！"地敲了好几声铜锣，但全淹没在歌舞声中，老者只好走了。

这个年轻人过了好多天才想起老者要来敲锣的事，还很纳闷："怎么老者失约了？"

另一个年轻人听完老人的话则忧郁极了，回到家后不吃不喝，每天愁眉不展，细数他的财产。他心想："怎么办？只剩三天可活！"他就这样垂头丧气，面如死灰，什么事也不做，只记得那位老者要来敲铜锣的事。他一直等，一直等到第三天的黄昏，整个人已如泄了气的皮球。

谁知那个老者的铜锣由于在第一个人那里失去了效用，所以他也没有到第二个人的家里去。巧的是一个收废品的人经过第二个年轻人家的门口时，拿着铜锣站在他家门外"锵"地敲了一声。这个年轻人一听到锣声，立刻倒了下去，死了。为什么呢？因为，他一直在等这一声，等到了，也就死了！

这只是个故事，但说明保持良好的心态是非常重要的。人拥有一种平和的心态，踏踏实实前行，可品百味人生，可尝酸甜苦辣。所以，人要拥有平和心态，带着微笑，带着快乐，带着好心情，一起前行。

那么，怎么才能做到这一点呢？

首先，要自觉地消除思想上的偏差，只有这样，才能在不顺心时不致陷入烦恼的"泥坑"而不能自拔。

其次，要勇敢面对新生活，主动体验生活中的不同乐趣，既能在激荡刺激的生活中体验激情的热烈奔放，又能在平淡如水的日子里享受悠然自得的生活乐趣；既能在群体活动中感受快乐，又能在独自生活时创造充实。只有这样，才能避免产生"心理斜坡"现象。

再次，适当地"糊涂"是医治情绪病的良方。对人对事，只要不是原则问题，就大可"糊涂"待之。"糊涂"指不必事事计较谁是谁非，不去时时考虑个人得失，不去每每分析谁占了自己的便宜，不去常常思量自己有没有"吃亏"。

最后，要加强理智对情绪的调控作用。古语云"物极必反"，就是提醒我们，"乐极"、"气极"、"怒极"都不好，应该时刻注意保持适度的冷静和清醒。在快乐、顺心时，主动"降温"，避免激情太过；遇苦闷或情绪转入低谷时，换个积极的角度去想，这样自然能摆脱情绪困境。人只要不断学习，坚持用正确的人生观、世界观指导自己的思想、感情和行动，就能做到以理智控制情绪，保持平静。

拿破仑·希尔说："人与人之间的差异其实很小，但这种很小的差异却会造成巨大的差异。"很小的差异是指心态，巨大的差异指的是人生结果。所以，只要保持一种平和的心态，你就会感到生活中的每一天都很美好。

坦然面对生命中的不完美

完美，是人们孜孜不倦追求的目标，但是，在现代社会中越来越多的人被这份对"完美"的追求压得喘不过气来，尤其当人们执着于一些并不属于自己的东西时。俗话说：月盈则亏，水满则溢；荣辱相依，福祸相倚。所谓"金无足赤，人无完人"，世上没有哪一件事是十全十美的，人没有谁是挑不出一点毛病的。对于无法改变的缺陷，我们要顺其自然，不因缺陷而痛苦，要更乐观积极地生活，增强自身优势。

有一个年轻人，待人彬彬有礼，做事非常勤奋，可以说是德才兼备。但是，他却一直苦恼于自身的缺陷——他只有一只胳膊，另一只胳膊在一次上山砍柴时摔断了。他总觉得自己低人一等，看见别人都四肢健全生龙活虎，他实在抬不起头来。为了战胜这种苦恼，他发奋学习，每当徜徉于书的海洋之中，他很快就可以达到物我两忘。但是，一旦放下书本，那种极端的痛苦与自卑又向他袭来。

山上住着一位八十多岁的老人，老人非常擅长开导人，年轻人慕名来到山上。他向老人倾诉了自己的苦恼，把那只因为没有手臂而空着的袖子转向老人，说："您看，这就是折磨我多年的缺陷。"老人把手伸进年轻人的袖管里，然后抬起头来微笑道："什么缺陷？你的袖筒里什么都没有！"

每个人都渴求生活能够完美一些，奢望上天能多一些关照，生命的旅途不要有太多的曲折，行走之路不要遍布坎坷，但人的一生总有事与愿违之时。好与坏、富与贫、爱和恨都是生命的"负担"，都应适时放下。擅画者留白，擅乐者惜声，养心者留空。何时放下，何时就得轻松。因此，抛开那些完美主义的念头，人就可以收获那些隐藏在平凡和朴实中的幸福。

不是每个人都能接受自己生活中的不完美，不是每个人都能看到不完美之中的完美，也不是每个人都能让不完美变成完美，所以人要用辩证的眼光看待自己生活中的完美与不完美，那样，就能发现生活中不一定要处处完美。其实，生命需要很本真的那一面，比如饥饿时的一碗热粥，寒冷时的一件棉袄，黑夜里的一盏明灯，休息时的一张床，行走时的一双鞋……至于是否是那一道又一道精致的菜肴，那衣服上是否绣了花，鞋是否名贵等，都只是生命中一些可有可无的点缀，而不是生命中不可缺少的东西。少些抱怨，多些感恩；少些烦恼，多些快乐；少些埋怨，多些积极，人就可以在完美与完美之间找到属于自己的一个平衡点。

苏东坡有这样一首诗："人生到处知何似，应似飞鸿踏雪泥。泥上偶然留指爪，鸿飞那复计东西。"沧海变桑田，多少年过去，山峦都可以夷为平地，何况人生！人生本来就不完美，只要从不同的角度去理解，心放宽即可。心里的空间大了，人精神就舒畅了，能坦然面对世事，也就达到了一种境界，心自然也就能够静下来，不会偏执，生活更快乐，许多不切实际的渴望也就会没有了。

有人说生活中并不缺少美，而是缺少发现美的眼睛，生活中许许多多的平常事中都孕育着大道理和大智慧。瓦特能在烧开水的时候得到启发，从而改进了蒸汽机；科学家能从蜻蜓的飞行中，得到直升机飞行原理的灵感。其实，很多事情只要我们用客观、冷静的心态做一番分析，换种角度来看，就不难发现：不完美其实也是一种完美。

有人说，人生就是跌跌撞撞地前行，这样才能真正品味到酸甜苦辣的滋味。不完美有的时候并不是一件坏事。假如你还在为自己拥有的生活感到不满意的话，你要么用自己的努力把这些不完美变成你想要的完美，要么就换种角度思考问题，没准儿有的时候你看到的不完美恰恰却是别人眼中的完美。

当然，追求完美并不是一件坏事，因为追求完美能使自己达到优秀，但真正的优秀与完美是两回事，一个不完美的人未必就不是一个优秀的人。人要允许修正自身的缺点和错误，同时也要允许自己犯一些错误。心态健康的人能认识到自己有种种不足，并能够宽容对待。人生并不完全就是一盘棋，走错一步就步步皆错。把人生看成一场足球赛吧！即使是最伟大的球星也会有在比赛中失误的时候。我们的目标是努力发挥出自己的最佳水平，而不能总是要求自己每踢出去的一脚都是妙脚，甚至是射门得分。

在这个世界上，很多完美主义者的目标就是让自己成为世界上最完美的人，他们对自身的要求很高，总是希望自己什么都要比别人强。其实，醉心于追求完美的人，本身就是不完美的。因为从一定意义上来说，完美是抽象的，只有生活才是最具体的。生活中很多的完美并不是靠追求就能得到的，生活中有许多遗憾同样是无法避免的。因此，不要总是妄想完美，比如完美的生活、完美的工作、完美的老板，完美的家庭、婚姻，等等，对于这些不太现实的东西过于执着，只会使你在寻觅中浪费掉你原本就少得可怜的时间与宝贵的生命。

处世就像播种，仁爱比聪明更难得

中国古人重视宇宙自然的和谐、人与自然的和谐，特别注重人与人之间的和谐。孔子主张"礼之用，和为贵"，就是以和睦、和平、和谐，以及社会的秩序与平衡为价值目标。因此，中国人把"和为贵"作为为人处世的基本原则，极力追求人与人之间的和睦、和平与和谐。"和"既是人际行为的价值尺度，又是人际交往的目标所在。诚信、宽厚、仁爱待人是为了"和"；各守本分、互不干涉、"井水不犯河水"也是为了"和"；"和而不同"，求同存异，谋求对立面的和睦共处同样是一种"和"。

高明的人总是追求和谐，为此而包容差异，在丰富多彩中达到和谐；不高明的人，总是强求一致，因容不得差异而往往造成矛盾冲突。"和"是一种方法、一种情怀、一种胸怀、一种气度、一种风度，更是一种境界。

在日常生活中，我们需要同时拥有两种心态，其一是融入社会，与他人、与社会和谐共处；其二是要时时刻刻拥有质朴之心，不为社会环境所影响，做纯真而自然的自我。这里的质朴、纯真、纯朴以及自然，事实上，就是指做人必须真诚，不可以肆意伪装自己，也不可以刻意地欺骗别人，这样才能保持心情舒畅，与人关系和谐。

处世之道的原则是做事情拿捏好分寸，避免"过"和"不及"；"以直报怨，以德报德"。以怨报怨将会使"怨"恶性循环，产生不可估量的损失；以直报怨，以德报怨，我们得到的将比失去的更多、更大。

子游说："事君数，斯辱矣。朋友数，斯疏矣。"意思是说，侍奉国君过于频繁琐碎，臣下就会自取其辱；和朋友交往过于亲密繁琐，朋友的关系就会变得疏远。

孔子也说："忠告而善道之，不可则止，毋自辱焉。"意思就是，人做事要保持一个尺度，不要凡事大包大揽。例如，你真正为自己的孩子好，就是让孩子学会独立去获得成功，独立是对孩子的一种尊重。夫妻之间也要给对方留一点分寸，留一点余地。对待工作要尽心尽责，但"不在其位，不谋其政"，要本分，不要越俎代庖。"君子之于天下也，无适也，无莫也，义之与比。"意思是君子对于社会、人、事，既不在某些方面表现得特别有倾向，也不在某些方面表现得特别冷漠、疏远，以恰当的原则与方式来对待一切人、事，少说多做，才能"修己以安人"。人修身不仅是为了完善自身，也是为了完善社会。

人必须拥有一颗本有的质朴之心。面对不同情况要保持正直之心和谦恭诚恳的态度，展现出真实的自我，不做掩饰和隐藏，让别人发现你最真实的一面——缺点与优点共存，并勇敢地把自己的缺点暴露出来，接受别人的批评，这样自己才能不断地进步。人不可以随便地舍弃自己的质朴、自然的心。如果每件事都隐藏自己，欺骗别人，别人也会欺骗你，世界就会充满欺骗，你的生活将永无宁日。

沈从文先生是我国当代著名的文学家，他以一篇小说《边城》震撼文坛，成为中国文坛赫赫有名的作家，他以坦率和纯朴的品质赢得了人们的尊敬和爱戴。

沈从文家庭条件不好，小时候没有上过几天学，他的学问是靠自学而成的。他没有学历，但是他有很好的学问。年轻的他怀揣着梦想到北京闯荡，他一边找人借书来读，一边经常跑到北京大学听讲。结果，他阅读了大量的书籍，增长了知识和见闻，又因为他的旁听，很多老师都认识他，他也结识了很多著名的大师，并与他们畅谈，向他们请教。他自己在不断地成长。

后来沈从文到了上海。上海在那时号称十里洋场，繁华非常，这个外地的乡下人经常受到别人的轻视和鄙夷。然而，沈从文坚定志向，努力寻求学问，终于他以灵气飘逸的散文而震惊文坛。后来他被当时任中国公学校长的胡适聘为该校讲师。

沈从文以轻灵俊逸的笔调描写人的真实的情感，赢得了很多读者的青睐，他的作品风靡整个文坛，他也成为家喻户晓的人物，具有了很高的声望。但是，现在让他来给大学生们讲课，这可给他出了一道难题，因为在此之前，他从未给学生上过课。

然而，人生总会有第一次。沈从文经过几天精心的准备，写好了讲义，应该算是胸有成竹了。可是当他第一天走上讲台，看着台下的一群学生，那一张张可爱的面孔不禁让他心跳加速，紧张得不行。从开始上课到他说出第一句话，期间整整有十多分钟，台下一片寂静，大家都在期待着这位大师的精彩演讲。然而，当他开始讲课时，由于心情十分紧张，他竟然把准备好的内容忘得一干二净，只好低着头照着讲义念。这样不但使讲课显得十分枯燥，而且十来分钟后就讲完了，剩下来的时间应该怎么办呢？

沈从文冷汗直流，心慌意乱，台下依然很静，只是有点尴尬的成分在里面。学生们的眼睛仍然望着这位传说中的大师。几分钟的静谧之后，沈从文拿起粉笔，在黑板上写下了一句话："今天是我第一次上课，人很多，我害怕了！"台下顿时响起一阵善意的笑声。

后来，胡适先生听说了这件事，他不但没有批评沈从文，反而很幽默地说："沈从文的第一次上课成功了！"有位学生听了这堂课后，在日记中写道："沈先生的坦率赤诚令人钦佩，这是我有生以来听过的最有意义的一堂课。"

沈从文在面对如此尴尬的局面时，没有选择硬撑着"脸面"，天花乱坠地吹嘘，而是十分真诚地表示他非常害怕，这得需要多么大的勇气和魄力啊！沈从文不愧是文坛巨匠，他的真诚与坦率赢得了学生和老师的一致谅解和尊敬。

在日常生活中，很多人都喜欢戴着"面具"，但人在一生中，无论是对朋友、对社会还是对家人，都不可以用虚伪来应付。虚伪的种子只会结出虚伪的果实，真诚才是做人的关键。一个人假使总是用虚伪"对付"他人，那么，他总有一天会被戳穿，会被识破，别人也会以同样的方式回应他。

人与人之间，只有真诚才是通向别人内心深处的桥梁。以一颗真诚的心与人交往，人才能在遇到挫折时，获得别人的帮助，才能更好地前行。怎样才能与人相处得更好呢？

下篇 修性

1. "和为贵"

无论是与人相处，还是事业与工作，都需要"和气生财"，互相争斗不如互补合作。与其两败俱伤，不如彼此都退让一步，化干戈为玉帛，这样双方都受益！

在美国有许多高速公路从荒无人烟的沙漠中穿过，如果发生汽车抛锚、油被耗尽等状况，司机只能在沙漠中苦苦等待其他车辆经过，载自己一程。

目睹这种状况，一个叫格林的人在一条高速公路旁投资修建了一家小型加油站，提供加油、修车等服务。由于沿途只有这一家加油站，格林的生意自然十分兴隆。

邻居汉克见状，非常眼红，他跃跃欲试，准备在格林的加油站旁再开一家，希望也能大赚一笔。他的父亲却极力劝阻，并建议他改开一家小旅馆，也许更能获利。

汉克的父亲解释说："格林的加油站已经能满足过往车辆的需要了。你与其模仿他再开一个，不如提供他未提供的服务。再开加油站，无疑是展开恶性竞争。而开家小旅馆，则是和他互利，并会开发出另一个新的市场。"汉克听后，觉得父亲所言极是。

于是，在这条沙漠中的高速公路旁，司机们可以去格林的加油站为车加油，也能到汉克的小旅馆吃饭、洗澡，甚至住上一晚，十分方便。格林和汉克的生意越做越兴隆。

汉克没有和格林展开恶性竞争，而是另辟蹊径，与格林的生意形成互补，从而双方都受益。

这就是不斗气、和平相处的好处。

一个人的修养在于平时自己的所作所为。与其事事张弓拔弩，斤斤计较，不如乐观向上，宽以待人。人际关系就像播种，如果你不再为那些鸡毛蒜皮的小事斤斤计较，耿耿于怀，你的修养肯定大大提高了。所以，对任何事情都不宜吹毛求疵，过分地追求完美。不自卑自怜，丢弃个人成见，抛开感情用事的不良习气。当你能原谅自己和他人的错误的时候，不愉快就会随之消失，从而做到与人和平友好地相处。

2. 与人为善，存善心，以善待人

3. 对周围一切存爱敬心，恭敬、谨慎、细心

4. 成人之美

别人有好事，我们应该帮助他、成全他，不能搞破坏。即使是对"坏人"，只要他做的是好事，我们也要帮助他。任何时候，对社会有好处，对人们有好处，就可以伸出援手。人即使不善，我们也要经常辅导、帮助他，尽心尽力去感化他，使他改过自新。

事实上，处世是一门大学问，如果你能以"和"对一切人与事，人生中就没有做不好的事，也没有处理不好的关系。

谦逊是人生的法宝

　　谦虚是中华民族的优良传统，中华民族在自己上千年的文化中融入了谦虚的精神。比如，你向别人介绍自己的家人时会说"家父、家母、犬子、糟糠之妻"，而称呼别人的家人时，你会说"令尊、令堂、令兄、尊夫人、令郎、令爱"。又比如，一般的自称是"愚兄、鄙人"等，而他称则是"贤兄、贤弟"等等。从这些称呼上就可以看出中国文化中所蕴含的谦虚精神。

　　谦恭并不是一种故意做出来的姿态，它是一个人内在品德和修养的高度表现。谦恭的人不会因为自己学问的博大而傲慢，也不会因为地位的显赫而独尊。相反，谦恭者学问愈深愈能虚心谨慎，地位愈高愈能以礼待人。谦恭不是卑下，也不是软弱，更不是无能，谦恭是一种情韵，是一种境界，是一种气质，也是一种修养。与谦恭者在一起，就像是领略风光旖旎的大自然，让你流连忘返；就像喝陈年老酒，让你回味无穷；就像诵读一首气韵十足的诗歌，让你掩卷长思。

孔子曾说："人贵有自知之明。"是的，人应该自知，但这自知应该建立在具有谦恭的良好品质之上的。常言说得好："大智若愚。"真正聪明的人，是不会把自己的聪明表现出来的，他们内敛、谦卑，相反，凡事都锋芒毕露的人，最终受伤害的往往会是自己。世界上没有一个人喜欢与骄傲自大、目中无人的人交往，因为人与人相处最重要的就是要平等相待；如果你因为自己的学识好、成就高就用"一只眼"看你的朋友，或对其冷眼相待，那么在他心里也会自然而然地建立起"一道墙"，而"这道墙"就是来阻断你们之间的友情的。所以，为人处世要记得时时刻刻收敛起自己的傲气，真正的处世良方只有两个字"谦恭"。

爱因斯坦是 20 世纪世界上最伟大的科学家之一，他发明了相对论以及量子理论，他的成功使他荣获诺贝尔奖，但即使这样，他仍然表现得很谦虚，他在有生之年，仍一直在做研究，从不间断地学习。有个年轻人问他："您老人家既然获得了这么大的成功，又何必还要孜孜不倦地学习呢？为什么不舒舒服服地安享晚年呢？"爱因斯坦并没有立即回答这个年轻人的问题，而是找来一支笔和一张纸，在纸上画了一个大圆和一个小圆，然后对年轻人说："就目前的情况来说，在物理学界可能我懂的知识比你稍微多一点。正如这张纸上所画的，你所知的就如这个小圆，而我所知的勉强算这个大圆。然而，整个物理学的知识是无边无际的。对于小圆，因为它的周长小，与未知领域的接触面小，所以他感受到自己的未知就少；而大圆则不同，它与外界接触的周长大，感觉到自己未知的东西多，所以就更加需要努力地去探索。"

这是多么诚恳而睿智的回答呀！任何成功都不是一个人就能完成的。没有人能不借助任何外力的支持，不依靠任何人的帮助就可以随随便便地成功。当我们面对成功时，首先想到的应该是感谢——感谢那些曾经帮助过我们的人，感谢那些和我们共同奋斗的人，感谢那些为我们的成功铺就基石的人。

在春秋时期，楚国有一位学识非常渊博的老者。有一天，他正在和弟子们在一起聊天，这时，一个衣着鲜丽的富家公子跑过来，趾高气扬地向在场的所有人炫耀，说他家在郢都郊外的一个村镇旁有一块一望无边的肥沃土地。

那个富家公子说得唾沫横飞，滔滔不绝，眼中流露出来的自豪和兴奋感不言而喻。正在他"无比自豪"的时候，坐在一旁一直默默聆听的老者拿出一张包括了诸多国家在内的地图给他看，并对他说："麻烦你指给我看看，楚国在哪里？"

"这一大片全是啊！"富家公子指着地图洋洋得意地回答。

"很好！那么，郢都在哪里？"老者又问他。

富家公子挪着手指终于在地图上把郢都找了出来，但很显然，和整个楚国相比，它的确是太小了。

"你所说的你家村镇在哪儿？"老者接着问。

"我家村镇，这就更小了，好像是在这儿。"富家公子指着地图上的一个小点说。

最后，老者看着他说："现在，请你再指给我看看，你家那块一望无边的肥沃土地在哪里？"

富家公子急得满头大汗，当然是找不到咯！他家那块一望无边的肥沃土地在地图上连个影子都没有，他很尴尬地回答道："对不起，我找不到。"

富家公子在老者的教育下终于认识到了自己的高傲和自大，他终于知道了，任何个人所拥有的一切与有大美而不言的大自然相比，与浩瀚无际的宇宙相比，都只不过如沧海一粟，微不足道。他终于知道了，慢慢流淌的历史长河淘尽过多少的英雄豪杰，但这也不过如惊鸿一瞥。所以说，人誉我谦，增一美；自夸自败，增一毁。不管在什么时候，我们都应该永远保持谦恭的心。

"5·12"四川震灾发生后，国际巨星李连杰火速赶往灾区第一线参与赈灾活动。在灾后分享救援心得及经验时，他很诚恳地说道："很多人把功劳归在我身上，但是这并不是我一个人能做到的，这是背后所有人的功劳。"

再高的楼，没有坚实的基础也不会屹立不倒；再有谋略的将军，没有士兵也无用武之地。没有前人的研究积累，各种专家都不会在学术上有新的造诣，所以，自大、自傲都是要不得的。

泰山不让土壤，方可成其大；江海不择细流，才能就其深。人学会宽容，善于听取别人的意见或向别人请教，就能积累宝贵的经验。不同的人对待事情的态度是不同的，人要虚心听取别人不同的意见，才能把握事情的主要矛盾，从而有效地解决矛盾。生活好比战斗，不能凡事独断专行，有时候听取别人的一点建议，事情的发展就会发生根本性的转变，让人得到意想不到的惊喜。

在这个世界上，知识越渊博、能力越大的人，就越加谦虚，而且不轻易地炫耀自己。正如马车的原理一样，当马车上满载货物的时候，它走起来就会非常平稳而且很安静；如果马车是空的，那它走起来就会颠簸不已、嘈杂不休。勇敢地承认自己的无知，这是明智的人的态度。一个具有渊博的学识且相当谦虚的人往往会让人敬仰；相反，总是自我感觉良好、自以为是的人则会让人感觉厌烦。不居功，学会感谢，学会和他人分享功劳，你才能在人生的道路上走得更远！

《尚书》中有句话说得好："谦受益，满招损。"所以，亲爱的朋友，让我们时刻保持一颗虚怀若谷的心，不炫耀，不自夸，以谦逊的姿态来对待每一个人，这样，我们的人生道路上一定会增添很多鲜花和掌声。

永远不要轻视别人

俗话说："水不厌深自比海，山不矜高自及天。"做人要低调，不要轻视别人。人再有本事也没有必要刻意表现自己，过分夸大自己。做一个低调的人，不自矜，不骄傲，在任何时候都保持一颗谦逊的心欣赏别人，这样，不仅会迎来更多欣赏的目光，而且成功的彼岸也会向你招手。

常常有这样的人：自己取得了好成绩就认为自己很优秀，神采飞扬；对别人取得的好成绩却视而不见，充耳不闻，甚至冷嘲热讽、挖苦、嫉妒；总自以为是，认为自己很了不起，自己所做的事是绝对正确的，自己所说的话一定是真理。这样的人自大自傲，会失去很多向别人学习的机会，很可能还会被自己的嫉妒心冲昏了头，最终停滞不前。

天外有天，人外有人，总是自我感觉良好的人，就像是站在半山腰，他看山脚下的人都是那么的渺小，就以为自己站在了山顶，他看不到别人的优点和长处，一味的刚愎自用，最终的结果必然是损失惨重。

欣赏自己是孤芳自赏，欣赏他人才是慧眼识才。有句话叫"投我以桃，报之以李"，所谓礼尚往来，就是你付出一分便会有一分的回报，这是规则。规则在大多数时候对大多数人都是平等的，所以你对他人的尊重与欣赏会在他人心中留下美好的印象，随后他人亦会如你所做般对待你。欣赏他人，是善待他人的一种方式，是给他人以信心的明智之举。几下掌声、几句赞誉，或者一个眼神，哪怕是一个微笑，都是欣赏他人的一种表现方式。别人会从你的欣赏中得到对自我的肯定，还有欢乐、信心和力量。

在欣赏别人的过程中，我们还会看到别人的优点，正视自己的不足，并且能够虚心地向别人请教，取长补短，共同进步，这样对自己对别人都有益处。

台湾作家林清玄在读高中二年级时，他的学业和操行都是学校的劣等，记了两次大过、两次小过，被留校察看，甚至还被赶出了学校的学生宿舍。许多老师对他已经不抱什么希望了，但他的国文老师王雨苍没有嫌弃他，常常把他带到家里吃饭，有事请假时，还让他给同学们上国文课。王老师告诉他："我教了50年书，一眼就看出你是个能成大器的学生。"这句话让林清玄感动和震撼。为了不辜负老师的一片苦心，他从此发奋努力，决心做一个对社会有用的人。

几年后，已经做了记者的林清玄，在写一篇报道小偷作案的文章时，有感于小偷思维之缜密、作案手法之细腻，情不自禁地在文章最后发出感叹："像思维如此细密、手法那么灵巧、风格这样独特的小偷，做任何一行都会有成就的！"他不曾想到，这无心为之顺势而来的一句话，竟影响了一个青年的一生。

20年后，当年的小偷已经脱胎换骨，重新做人，成了一位小有名气的企业家！在一次与林清玄的邂逅中，这位企业家诚挚地对林清玄说："林先生写的那篇特稿，点亮了我生活的盲点，它使我想到，除了做小偷，我还可以做正经事呢！"

因为国文老师懂得欣赏林清玄身上的优点，给了林清玄信心和勇气，才使得他最终成为一名杰出的作家。同样，林清玄的报道也以正面的欣赏感召了一个人改邪归正，重新做人。

　　欣赏他人有时能让被欣赏者发掘自己的潜能，走上生活中的另一条道路，进而改变自己的命运。

　　1852年秋天，屠格涅夫在打猎时无意间捡到一本皱巴巴的《现代人》杂志。他随手翻了几页，竟被一篇题名为《童年》的小说所吸引。作者是一个初出茅庐的无名小辈，但屠格涅夫对其十分欣赏，钟爱有加。屠格涅夫四处打听作者的住处，最后得知作者是由姑母一手抚养照顾长大的。屠格涅夫找到了作者的姑母，表达了他对作者的欣赏与肯定。姑母很快就写信告诉自己的侄儿："你的第一篇小说在瓦列里扬引起了很大的轰动，大名鼎鼎的写《猎人笔记》的作家屠格涅夫逢人便称赞你。他说：'这位青年人如果能继续写下去，他的前途一定不可限量！'"作者收到姑母的信后惊喜若狂，他本是因为生活的苦闷而信笔涂鸦打发心中寂寥的，由于名家屠格涅夫的欣赏，竟一下子点燃了他心中的火焰，让他找回了自信和人生的价值，于是他一发而不可收地写了下去，最终成为具有世界声誉和世界意义的艺术家和思想家。他就是列夫·托尔斯泰。

人千万不要犯骄傲自矜的错误。历史上因为骄傲自矜而失败的事例不胜枚举，西楚霸王项羽就是其中之一。

秦王朝统治期间，横征暴敛，刑法严苛，滥使民力，弄得民不聊生，天下怨恨纷纷。大泽乡陈胜吴广起义被镇压失败后，楚国项梁项羽叔侄与沛郡刘邦的两支起义军成为反秦的主力。项梁被秦朝名将章邯击败后，项羽率三万人马在巨鹿与章邯决战，结果，项羽以少胜多，大破章邯三十万秦军，取得了巨鹿之战的胜利，这就是著名的成语"破釜沉舟"的出处。秦军主力被瓦解，秦国已成明日黄花，不堪一击。刘邦则西进关中，秦王子婴纳印出降。这个被始皇认为可以传万世的秦王朝就这样传了一世就灭亡了。

鸿门宴后，项羽自封西楚霸王，分封诸侯，封刘邦为汉王，据守蜀中。此时的项羽，气焰不可一世，以为天下尽在其掌，各路诸侯都不是他的敌手，殊不知，此时在西蜀的汉王刘邦正在明修栈道呢，亚父范增多次进谏项羽，可是刚愎自用的西楚霸王却丝毫不以为意。结果，刘邦在韩信的帮助下，明修栈道，暗度陈仓，击破三秦，西出蜀中，从此与项羽逐鹿于天下。

其实，像韩信、陈平这些能人，一开始都是在项羽帐下效力的，他们之所以会转而投效刘邦，就是因为项羽刚愎自用、自视甚高，看不起别人，不懂得欣赏他人，因而他们觉得在项羽手下发挥不了作用，自己空有一身才能无法施展，于是最后都选择了刘邦。而刘邦虽然没有什么才能，也没有什么本领，但是他有一个优点，就是懂得欣赏他人，对别人的意见能够洗耳恭听，对待有才能的人，不论其人品如何、作风如何，都能给予其恰当的安排，让其做适合的事，做到任人唯才，人皆能尽其用。

陈平是个很有才能的人，项羽因为他的人品问题，不重用他。后来他到刘邦军中的时候，刘邦对他的人品也很厌恶，但张良劝告刘邦说："主公是想要用道德高尚、品行良好的人来装饰门面呢？还是想用有才干的人帮您平定天下呢？"刘邦恍然大悟，重用陈平，陈平在其帐下也尽展所长。比如，他曾施反间计离间项羽和范增的关系，间接导致范增的激愤而死。

埃下一战，项羽全军覆没，只剩八人八骑。项羽逃至乌江岸边，面对着滔滔江水，回想当年率江东八千子弟兵渡江破秦，那是何等的英武、何等的风光，如今兵败如山倒，四面楚歌，自己还有何面目回见江东父老，于是自刎而死，演绎了一段英雄的史诗。可惜，项羽在临死之前仍然不知道败于刘邦手下的原因，他还以为只是天不遂人愿，其实，真正的原因正是他的骄傲自矜。

刘邦统一天下后，在洛阳置酒高台，总结自己能打败项羽的原因的时候，对众位臣子说："夫运筹策帷帐之中，决胜于千里之外，吾不如子房。镇国家，抚百姓，给馈饷，不绝粮道，吾不如萧何。连百万之军，战必胜，攻必取，吾不如韩信。此三者，皆人杰也，吾能用之，此吾所以取天下也。"而"项羽有一范增而不能用，此其所以失天下也"。这句话真可以算是对两人不同结局最好的说明。

从这个故事中，我们可以看出，一个人自以为是、转视他人的危害是多么的大，它足以毁弃人的一生，甚至身死国灭都不在话下。

在现实中，骄傲、轻视他人在每个人身上都是有可能的，因为，人的自我意识一般是比较高的，很少有人能够毫无缘由地愿意牺牲自己去帮助他人，在个人的思想中，自己才是最重要的，一旦在某些地方、某些领域取得一定的成就，就会感到非常快乐和兴奋，这就很容易引起自大、自傲、轻视他人。

一个人的功劳再大，贡献再突出，也禁不起一个"傲"字的侵蚀。你是否一味地把注意力放在自己身上，而忽视了别人？如果这样的话，你会错过很多从欣赏别人的过程中学习的机会。请记住，不要让"傲"字毁了你一生。要懂得欣赏别人，要懂得为别人喝彩，这既是一种智慧，也是一种美德；这既是一种人格修养，更是一种崇高的境界。

正确认识你自己，这不仅仅是对你自己负责，更是对他人、对国家、对民族负责。正确认识你自己，欣赏别人的长处，这样才能更好的实现自己的人生价值。

或许，有人会说："笑话，我自己还不了解自己啊，如果连自己都不了解自己，那还有谁会了解我。"但事实并非如此，正确认识自己并不是想象中的这么简单。很多人常盲目乐观，这就很有可能令自己的眼睛被蒙蔽，从而做出连自己都想不到的事。人性中有很多人不能把控的因素，比如取得了一点小小的成就就飘飘然；比如对别人赞赏和掌声受用得很，成绩越放越大，缺点越看越小，以致最后特别狂妄，做出错误的事来。

"旁观者清，当局者迷"，在很多时候，别人或许能看得比自己更清楚。所以，认识自己真的很重要。对自己估计得过高，会陷入盲目自大的危险；把自己看得过低，又不能很好地发挥自己的能力，达不到比较好的结果。因此，做人须谦逊，不轻视他人，多听取他人意见，明明白白地看自己，公正公心看他人。

结束是新的开始，在危机中寻转机

"祸兮福之所倚，福兮祸之所伏。"这句话是说祸与福互相依存，可以互相转化；坏事可以带来好的结果，好事也能够带来坏的结果。世界上不存在绝对的好事，也不存在绝对的坏事。幸运中可能有它的不幸，不幸中也可能有它的万幸所在。

人生路上崎岖不平，山石、沼泽无处不在。当你遇到这些的时候，你的人生会暂时陷入困境，很多人在这时候会痛苦非常，受伤的内心也会久久不能平静，里面满是难过、伤心、忧愁等等。此时，是深陷其中，还是奋力一搏，走出困境？人生有许多条道路可供我们选择，要学会及时扭转自己的前进方向，调整心态，在危机中寻找转机，重新开始。

一个老和尚肩上挑着一根扁担信步而走，扁担上挂着盛满绿豆汤的瓷壶。他一不小心跌了一跤，壶碎汤洒，但老和尚若无其事地爬起来继续走。

这时，一路人跑来说："难道你不知道瓷壶已经破了吗？"

"我知道。"老和尚不慌不忙地回答道。

"那么你为何不转身，看看该怎么办呢？"

"它已经破碎了，汤也流光了，我转身又能如何？"

生命的过程就如同一次旅行，如果我们把每一个阶段的成败得失全都扛在肩上，那今后的道路就没办法走下去了，或者是走得更加艰辛。所以，我们必须丢弃过去一些旧的东西，跟过去说声"再见"，然后重新开始。

电影《教父》结尾中，教父在倒地的那一瞬间，说了一句话：生活是如此地美好。作为一个黑帮老大，他在生命结束的时候能发出这样的感慨，让人惊讶。

曾经有个年轻人，他很努力地学习，成绩也一直很好。只是因为内向和敏感，他在高中的时候，学习成绩一落千丈，高考也没有考上理想中的学校。于是，他更加内向，更加自闭，并且开始自暴自弃，得过且过，一直消沉下去。他打架、逃课、挂科，在不断的欺骗和自我欺骗中生活。

有一天，因为机缘巧合，他进入了学校排球队。尽管他此前从来没有打过排球，尽管他很内向，不善于沟通，但是他还是鼓起勇气踏进了球馆。就是这一次改变了他的人生。在大学剩下的时间里，他的教练告诉他："当你踏进球馆的时候，你必须忘记一切。"他的队员鼓励他要开朗，要自信。他的球队让他找回了久违的进取心。

在他结束最后一次比赛之前，他考上了研究生。对于他来说，在踏进球馆的那一刻，他就开始告别那些灰暗的日子，而大学本科学习结束意味着新的开始。这是一个喜剧的结局，也是一个美好的开始。

也许不是每一个人都会有这样的经历，但是生活中总会有类似的事情发生。在面对诸如此类事情的时候，我们是否能够像那个年轻人一样，正确地看待自己，在他人的忠告与自己的勤奋中重新起程，健康成长？

《寒笳集》中说："能受锻炼，便如松柏，历岁寒而愈坚；不受，则如夏草春花，甫遇风霜，颓靡无矣。"在寒冷的冬天，一树梅花便是一道亮丽的风景，它让这白茫茫的大地充满了生机。寒风愈刺骨，它开得愈加绚烂，它散发的馨香是与那苦寒奋力斗争的结果，它让人们感到在这一季的寒冬，依然光彩夺目，生气不减。

在这个世界上，没有一根木头能够不经斧锯的砍斫而成为漂亮的座椅；没有一块石头能够不经烈火的淬炼而成为黄金。挫折可以培养一个人自强不息的习惯，可以让一个人磨炼出坚忍不拔的意志。它教会人生存，使人的脊梁挺直，继续前行。

人的人生路上充满了荆棘，如果稍微被刺伤了一下脚或是流了一滴血，就放弃自我、不求前进了，那么这个世界上就不会有那么多伟大而成功的人了。

哈佛大学医学院曾进行过104项科学研究工作，研究对象达15000人。研究结果证明，一蹶不振能导致人绝望、患上疾病和走向失败，乐观则能帮助人变得更幸福，更健康，并且更能获得成功。心理学家说："如果我们能引导人们更乐观地去思考，这就好比是给他们注射了防止精神疾病的预防针。"心理学家解释道："人的才能固然重要，但相信自己定能成功的想法常常成为决定人成败的一个因素。"其原因是，乐观的人与悲观的人在遇到同样的挑战和失意时，各自采取的处理方式是截然不同的。

某保险公司雇用了100个在应考人中落选而在思想乐观性上得分很高的人为营业员。这些人在过去根本不可能被雇用，但结果却出乎人意料，这100名营业员的推销成绩比平均水平的营业员的成绩高出10%。他们是凭什么做到这一点的呢？按照心理学家的说法，乐观者成功的秘诀，在于他们的"解释方式"。当事情出了差错时，悲观者倾向于责备自己，"我不善于干这个"，"我总是失败"。而乐观者则去找出差错的漏洞，并不断修正，努力去做得更好。若是事情很顺利，乐观者就归功于自己，悲观者却把成功视为侥幸。

生活是一场博弈，充满了挑战。只要你勇敢地面对现实，迎接挑战，不屈服，不向命运低头，你就能把握自己的命运，重整旗鼓，战胜一切困难。即使偶尔遇到挫折，也要对生活充满希望，因为希望是人们对美好生活的向往，一个人只有在有了向往和追求以后，心中的信念才会生根、发芽、开花、结果，才会在任何艰难困苦中无畏地前进。

永远不要绝望，只要你心中还有希望，美好的明天一定会到来。在生活的道路上，虽然沿途会遇到很多磨难，但请不要轻易放弃，不要对自己绝望，要永远怀着希望走下去。因为，最成功的人生是经过命运的多次打磨才造就的，正如一位名人所说："一个人在人生低谷中徘徊，感觉自己支持不下去的时候，其实就是黎明前的夜，只要你心中充满希望，坚持一下，再坚持一下，前面肯定是一道亮丽的彩虹。"